照明工学と環境デザイン

一般社団法人 照明学会 ［編］

本書を発行するにあたって，内容に誤りのないようできる限りの注意を払いましたが，
本書の内容を適用した結果生じたこと，また，適用できなかった結果について，著者，
出版社とも一切の責任を負いませんのでご了承ください．

本書は，「著作権法」によって，著作権等の権利が保護されている著作物です．
　本書の全部または一部につき，無断で次に示す〔　〕内のような使い方をされる
と，著作権等の権利侵害となる場合があります．また，代行業者等の第三者による
スキャンやデジタル化は，たとえ個人や家庭内での利用であっても著作権法上認め
られておりませんので，ご注意ください．
　　　〔転載，複写機等による複写複製，電子的装置への入力等〕
　学校・企業・団体等において，上記のような使い方をされる場合には特にご注意
ください．
　お問合せは下記へお願いします．
　　〒101-8460　東京都千代田区神田錦町 3-1　TEL.03-3233-0641
　　　株式会社オーム社 編集局　（著作権担当）

「照明工学と環境デザイン」発行にあたって

　太古の火によるあかりから白熱電球や蛍光ランプによるあかりを経て，現在は LED を使用した光源によるあかりが主流となり，さらに有機 EL やレーザを用いた光源も実用化されている．これらのあかりは物を照らすという重要な役割はもちろんのこと，人々の生活に安全，安心かつ癒しをもたらしている．

　照明の役割は，光による裕福な社会をつくることにある．人々が生活する上で必要なあかり，非常事態が発生した時に誘導するあかり，通信手段としてのあかりなど社会貢献は大きいものがある．さらにはライトアップに代表される心を豊かにするあかりがあり，照明環境デザインもそのあり方が重要視されている．

　本書は，基礎的知識と応用技術を習得していく上で必要な内容を網羅している．内容は多岐にわたり，基礎的な内容として光の用語と物理的な意味，色彩，放射の理論，照明環境を設計する上での理論，光源と照明器具，および応用的観点から照明環境デザイン，屋内外の照明，照明制御からなり，さらには照明の経済にも言及している．

　本書の始まりは，照明学会創立 65 周年記念事業として昭和 58 年に出版された『照明工学』である．今回の改訂は，近年における照明光源の発達と照明環境の変化に追従すべく，新しい視点での照明工学にさらに照明環境をいかに構築すべきかという視点から照明環境デザインを付加した内容にした．特に LED が光源として急速に採用されてから，環境デザインは自由な発想での意匠を行いやすくなっていることから，各所にその内容が組み込まれている．

　これらのことを踏まえ，執筆者には大学での照明科目担当者と企業で実際にご担当いただいている方々にお願いし，多彩な内容をふんだんに盛り込んだ内容にしていただいた．

　本書が，今後の技術発展に寄与することを願うとともに照明の応用分野への啓蒙書となることを期待する次第である．

令和 6 年 9 月

主 査 記 す

一般社団法人 照明学会 出版委員会
「照明工学と環境デザイン」編集委員会

主　査　小野　隆

幹　事　望月悦子・小松琢充　　　**オブザーバー**　大谷義彦

執筆委員　内田　暁（1章）　　　入倉　隆（2章）　　　野田髙季（3.1～3.2節）

　　　　　　安田丈夫（3.3節）　　竹下　秀（4章）　　　土屋彰宏（5章）

　　　　　　中山昌春（6章）　　　吉澤　望（7章）　　　岩井　彌（8章）

　　　　　　安田　賢（9章）　　　斎藤　孝（10章）　　鈴木直行（11章）

　　　　　　望月悦子・小松琢充（付録）

目　　次

1 章　照明の基礎

1.1　放射と光 ·· 2

1.2　測光量と単位 ·· 3

   1.2.1　放射束　*3*

   1.2.2　光　束　*3*

   1.2.3　光　度　*3*

   1.2.4　照　度　*5*

   1.2.5　光束発散度　*6*

   1.2.6　輝　度　*8*

   1.2.7　均等拡散面　*8*

   1.2.8　反射率，透過率，吸収率　*9*

   1.2.9　基本的な測光量の相互関係　*10*

1.3　目と見え方 ··· 11

   1.3.1　目の構造　*11*

   1.3.2　分光視感効率　*12*

   1.3.3　視　力　*13*

   1.3.4　視　野　*13*

   1.3.5　対　比　*14*

   1.3.6　順　応　*14*

   1.3.7　グレア　*14*

   1.3.8　演色性　*15*

演習問題　*16*

2 章　色彩の基礎

2.1　色と表示方法 ·· 18

   2.1.1　色　覚　*18*

   2.1.2　色の表示方法　*20*

   2.1.3　マンセル表色系　*21*

   2.1.4　*XYZ* 表色系による色の表示方法　*23*

目　次

　　　2.1.5　均等色空間　*27*

2.2　測　色 ··· *30*

　　　2.2.1　測光の基礎　*30*

　　　2.2.2　分光測色方法　*30*

　　　2.2.3　刺激値直読方法　*31*

2.3　色温度と相関色温度 ·· *31*

演習問題　*34*

3章　光　源

3.1　光源の種類と発光の原理 ·· *36*

　　　3.1.1　光源の種類　*36*

　　　3.1.2　熱放射　*37*

　　　3.1.3　ルミネセンス　*39*

　　　3.1.4　放電の原理　*39*

3.2　固体光源 ··· *40*

　　　3.2.1　LED（発光ダイオード）　*40*

　　　3.2.2　OLED（有機 EL）　*48*

　　　3.2.3　レーザ　*50*

3.3　その他の照明用従来光源 ·· *51*

　　　3.3.1　白熱電球　*52*

　　　3.3.2　蛍光ランプ　*56*

　　　3.3.3　HID ランプ　*62*

　　　3.3.4　低圧ナトリウムランプ　*72*

　　　3.3.5　無電極放電ランプ　*73*

　　　3.3.6　キセノンランプ　*73*

演習問題　*74*

4章　放射の応用

4.1　光源の発明の歴史と光放射の応用 ·· *78*

4.2　紫外放射の作用と応用 ··· *80*

　　　4.2.1　紫外放射の波長区分とその特徴　*80*

4.2.2　紫外放射の生物作用とその応用　*81*

4.3　可視放射の視覚以外の作用と応用 ················· **85**

　　　4.3.1　可視放射の波長域とその特徴　*85*

　　　4.3.2　可視放射の作用とその応用　*85*

4.4　赤外放射の作用と応用 ································· **87**

　　　4.4.1　赤外放射の波長区分とその特徴　*87*

　　　4.4.2　赤外放射の作用とその応用　*87*

演習問題　*89*

5 章　照明器具

5.1　照明器具の光学 ····································· **92**

　　　5.1.1　平面における反射と屈折　*92*

　　　5.1.2　曲面における反射と屈折　*94*

　　　5.1.3　透過と吸収　*95*

　　　5.1.4　拡　散　*95*

　　　5.1.5　照明器具の効率　*96*

5.2　照明器具の構造と分類 ····························· **98**

　　　5.2.1　照明器具の構造　*98*

　　　5.2.2　照明器具の分類　*102*

5.3　照明器具の寿命 ································· **106**

　　　5.3.1　耐用年限　*106*

　　　5.3.2　光束維持時間　*107*

演習問題　*108*

6 章　照明計算

6.1　配　光 ······································· **110**

　　　6.1.1　配光の表し方　*110*

　　　6.1.2　簡単な幾何学的光源の配光　*111*

6.2　光束計算法 ····································· **115**

　　　6.2.1　全光束の一般式　*115*

　　　6.2.2　対称配光光源　*116*

vii

目　　次

　　6.2.3　非対称配光光源　*120*

6.3　点光源および線光源による直接照度 ················· *123*

　　6.3.1　点光源による直接照度　*123*

　　6.3.2　線光源による直接照度　*124*

6.4　面光源による直接照度 ·· *130*

　　6.4.1　立体角投射法　*130*

　　6.4.2　境界積分法　*131*

　　6.4.3　各種面光源による直接照度　*133*

6.5　相互反射 ·· *138*

　　6.5.1　無限平行平面間の相互反射　*138*

　　6.5.2　均等拡散球内面の相互反射　*139*

演習問題　*142*

7 章　照明環境デザイン

7.1　照明環境デザインの役割とプロセス ················· *146*

7.2　照明環境デザインの流れ ·· *147*

　　7.2.1　調査・ヒアリング　*148*

　　7.2.2　概念設計　*148*

　　7.2.3　基本設計　*148*

　　7.2.4　実施設計　*149*

　　7.2.5　施工・現場管理　*150*

　　7.2.6　事後評価　*150*

7.3　照明環境デザインのツール ··· *150*

　　7.3.1　照明シミュレーション　*150*

　　7.3.2　CG レンダリング　*152*

　　7.3.3　模　型　*152*

演習問題　*152*

8 章　屋内照明

8.1　照明設計の目的 ·· *154*

8.2　照明設計の要件 ·· *154*

viii

目　次

  8.2.1　照　度　*155*

  8.2.2　空間の明るさ　*158*

  8.2.3　グレアときらめき　*159*

  8.2.4　光の方向性と拡散性　*161*

  8.2.5　昼光・窓　*163*

  8.2.6　光源の光色と演色　*163*

  8.2.7　生体リズム　*164*

8.3　照明設計手順 ･･･ *164*

  8.3.1　空間の構成と機能の決定　*164*

  8.3.2　光による見え方の決定　*164*

  8.3.3　照明要件の決定　*165*

  8.3.4　照明方式の決定　*166*

  8.3.5　照明器具の選定　*168*

  8.3.6　平均照度の計算　*169*

  8.3.7　照明条件のチェック　*172*

8.4　照明設計の実際 ･････････････････････････････････････ *172*

  8.4.1　オフィスの照明　*173*

  8.4.2　工場・倉庫の照明　*173*

  8.4.3　店舗の照明　*173*

  8.4.4　住宅の照明　*174*

演習問題　*175*

9 章　屋外照明

9.1　道路照明 ･･･ *180*

  9.1.1　道路照明の目的　*180*

  9.1.2　道路照明の要件　*180*

  9.1.3　路面輝度と障害物の見え方　*180*

  9.1.4　グレア　*180*

  9.1.5　誘導性　*181*

  9.1.6　照明計画　*181*

9.2　トンネル照明 ･････････････････････････････････････ *184*

ix

目　　次

　　　9.2.1　トンネル照明の目的　*184*

　　　9.2.2　トンネル照明の構成　*184*

　　　9.2.3　照明計画　*186*

9.3　街路照明 ……………………………………………………………… *188*

　　　9.3.1　街路照明の目的　*188*

　　　9.3.2　街路照明の明るさ　*188*

　　　9.3.3　街路照明の形状，大きさ，色彩，光色構成　*189*

　　　9.3.4　街路照明のグレア　*189*

9.4　スポーツ照明 ………………………………………………………… *190*

　　　9.4.1　スポーツ照明の目的　*190*

　　　9.4.2　スポーツ照明の要件　*190*

　　　9.4.3　照明計画　*193*

9.5　光　　害 …………………………………………………………… *195*

　　　9.5.1　光害とその影響　*195*

　　　9.5.2　光環境類型　*196*

演習問題　*198*

10 章　照明制御

10.1　照明制御の目的 ……………………………………………………… *202*

10.2　照明制御の種類 ……………………………………………………… *202*

　　　10.2.1　調光制御　*202*

　　　10.2.2　調色制御　*203*

　　　10.2.3　フルカラー制御　*203*

　　　10.2.4　配光制御　*203*

10.3　照明制御システムと関連技術 ……………………………………… *204*

　　　10.3.1　センサ技術　*205*

　　　10.3.2　調光制御技術　*206*

　　　10.3.3　調色・フルカラー制御技術　*207*

　　　10.3.4　通信技術　*207*

　　　10.3.5　その他　*208*

10.4　照明制御導入の効果 ………………………………………………… *209*

演習問題　*209*

11 章　照明経済と保守管理

11.1　省エネに関する法律や認証制度 ·· *212*

　11.1.1　建築物省エネ法　*212*

　11.1.2　省エネルギーに関連する認証制度　*214*

11.2　照明経済と保守管理 ·· *214*

　11.2.1　イニシャルコストとランニングコスト　*214*

　11.2.2　保守率　*215*

　11.2.3　電力料金単価と点灯時間　*217*

　11.2.4　交換方式　*217*

11.3　省エネルギー照明への配慮 ··· *218*

　11.3.1　高効率な照明器具を選ぶ　*218*

　11.3.2　昼光を利用する　*218*

　11.3.3　照明制御を利用する　*218*

演習問題　*222*

付　録 ··· *223*

　付・1　光源の性能　*224*

　付・2　照明基準　*226*

演習問題の略解 ··· *234*

索　引 ··· *243*

第**1**章

照明の基礎

　照明工学を学ぶ場合，その内容は物理学，電気工学，建築学，生理学，心理学，色彩学など多岐にわたっている．

　本章は，これらの学問に関連する最も基礎的な事項を取り扱う．まず放射の一部としての光と，その光を測るのに必要な用語と単位について説明する．次に，光を感じる側に立ち，目の構造と働き，そして物や色の見え方について述べる．

1.1 放射と光

放射とは，電磁波あるいは粒子の形によって伝搬するエネルギーのことである．電磁波の波長範囲は，**図1・1**のスペクトルに示すように $10^8 \sim 10^{-16}$ m であり，その波長によって電波，赤外放射，光，紫外放射，X線，ガンマ線，宇宙線などに区分され，それぞれ特有の性質を持っている．このうち目に入って明るさの感覚を生じさせる 380～780 nm（ナノメートル = 10^{-9} m）の波長範囲を**光**（図1・1の可視放射）といっており，さらに目は波長のわずかな相違によって種々の色を感じる[*1]．

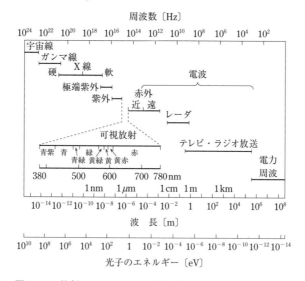

図1・1 放射のスペクトルと光子（フォトン）のエネルギー

[*1] JIS Z 8120 光学用語によると，可視放射は 360～830 nm の範囲で考えてよいとされているが，本書では色の計算などで使用される 380～780 nm とする．

1.2 測光量と単位

1.2.1 放射束

単位時間にある面を通過する放射エネルギーの量を**放射束**という．すなわち，いまある面を dt[s]（秒）の時間内に dQ_e[J]（ジュール）の放射エネルギーが通過したとすれば，放射束 Φ_e[W]（ワット = ジュール毎秒 [J/s]）は

$$\Phi_e = \frac{dQ_e}{dt} \tag{1・1}$$

で表される．

1.2.2 光　束

放射束を目の感度のフィルタ（分光視感効率）にかけてみた量を**光束**といい，記号は Φ，単位はルーメン [lm] である．すなわち，**図1・2**のスペクトルに示すように，ある放射体からの分光放射束が $\Phi_e(\lambda)$ [W/nm]，標準分光視感効率が $V(\lambda)$ で与えられれば，光束 Φ は式（1・2）となる（図1・2の S）．

$$\Phi = K_m \int_{380}^{780} V(\lambda) \Phi_e(\lambda) d\lambda \tag{1・2}$$

ここで，λ は波長 [nm]，K_m は最大視感効果度（分光視感効率曲線の最大値）で，その値は約 555 nm において約 683 lm/W である．

1.2.3 光　度

光度はある方向への単位立体角当たりの光束で与えられる．記号は I，単位はカンデラ [cd] である．例えば，**図1・3**のように微小立体角 $d\Omega$ 内の光束が $d\Phi$ であれば，光度 I は

第1章 照明の基礎

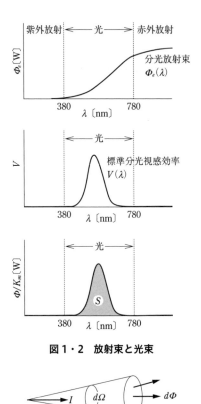

図1・2 放射束と光束

図1・3 光度

$$I = \frac{d\Phi}{d\Omega} \tag{1・3}$$

となる．もし，ある立体角 Ω 内で光束の分布が一様であるとすると，この立体角内のすべての方向の光度 I は次のようになる．

$$I = \frac{\Phi}{\Omega} \tag{1・4}$$

なお，**立体角**とは一点より見たある面積に対する空間的広がりの度合いを示し，記号は Ω，単位はステラジアン〔sr〕である．図1・4において，点 O を頂点とし，面 S を底面とする錐体が点 O を中心とする半径 r の球面と交わったと

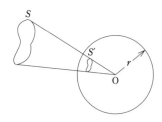

図1・4 立体角

き，球面上で切り取られる面積を S' とすれば，面 S に対する立体角 Ω は

$$\Omega = \frac{S'}{r^2} \tag{1・5}$$

で与えられる．もし面 S が点 O を包囲した閉曲面ならば $S' = 4\pi r^2$ となるから，このときの立体角は $4\pi[\mathrm{sr}]$ となり，これが一番大きな値となる．

1.2.4 照度

照度は単位面積当たりに入射する光束で与えられる．記号は E，単位はルクス $[\mathrm{lx}]$ である．すなわち，**図1・5** において，被照面の一点 P の周りの微小面積 dA に入射する光束を $d\varPhi$ とすると，点 P の照度 E は

$$E = \frac{d\varPhi}{dA} \tag{1・6}$$

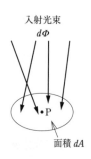

図1・5 照 度

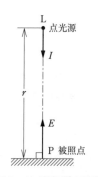

図1・6 逆2乗の法則

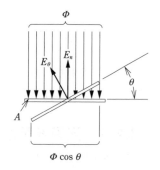

図1・7 入射角余弦の法則

第 1 章　照明の基礎

となる．もし，面積 A に一様に光束 Φ が入射していれば，その面の照度 E は

$$E = \frac{\Phi}{A} \tag{1・7}$$

である．

いま，半径 r の球の中心に，あらゆる方向の光度が I の点光源を置いたとすると，この光源の全光束は $\Phi = 4\pi I$ であり，これらはすべて球の全内面積 $A = 4\pi r^2$ に入射することになるから，球面上のすべての点の照度 E は

$$E = \frac{\Phi}{A} = \frac{4\pi I}{4\pi r^2} = \frac{I}{r^2} \tag{1・8}$$

となる．したがって**図 1・6** のように，点光源 L のある方向の光度が I であるとき，距離 r における光の方向に垂直な面上の点 P の照度 E は

$$E = \frac{I}{r^2} \tag{1・9}$$

となる．すなわち，照度は点光源の光度に比例し，距離の 2 乗に逆比例する．これを**逆 2 乗の法則**という．

また，**図 1・7** において，面積 A の平面に対して垂直に光束 Φ が入射しているとすれば，この面上の照度は $E_n = \Phi/A$ となる．そこで，この面を角度 θ だけ傾けたとすると，この面に入射する光束は $\Phi\cos\theta$ となるので，傾いた面上の照度 E_θ は

$$E_\theta = \frac{\Phi\cos\theta}{A} = E_n\cos\theta \tag{1・10}$$

となる．すなわち，ある面の照度は光の入射角（面の法線と入射角の方向とのなす角度）の余弦に比例するので，**入射角余弦の法則**という．

1.2.5　光束発散度

ある面の明るさは照度で表されるが，人の目で感じられる明るさとして**光束発散度**が用いられ，単位面積から発散する光束で与えられる．記号は M，単位は

ルーメン毎平方メートル〔lm/m²〕である．

図 1・8 において，ある面における任意の点 P の周りの微小面積 dA，これから発散する光束を $d\Phi_0$ とすると，その点の光束発散度 M は

$$M = \frac{d\Phi_0}{dA} \qquad (1 \cdot 11)$$

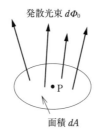

図 1・8　光束発散度

もし，面積 A から一様に光束 Φ_0 が発散していれば，その面の光束発散度 M は

$$M = \frac{\Phi_0}{A} \qquad (1 \cdot 12)$$

となる．そして，この光束発散度は反射面，透過面のどちらの場合にも適用される．例えば，反射率 ρ，透過率 τ の半透明物体に光束 Φ が入射していれば，反射光束 Φ_ρ は $\rho\Phi$，透過光束 Φ_τ は $\tau\Phi$ となり，この物体の表面積を A とすれば，表面の平均照度は $E = \Phi/A$ で与えられるから，反射面および透過面における平均光束発散度 M_ρ，M_τ はそれぞれ

$$M_\rho = \frac{\Phi_\rho}{A} = \frac{\rho\Phi}{A} = \rho E \qquad (1 \cdot 13)$$

$$M_\tau = \frac{\Phi_\tau}{A} = \frac{\tau\Phi}{A} = \tau E \qquad (1 \cdot 14)$$

となる．

1.2.6 輝　度

光源などの輝いている程度を表すのに**輝度**が用いられ，光源面からある方向への光度を，その方向への光源の見掛けの面積で割った値で与えられる．記号は L，単位はカンデラ毎平方メートル〔cd/m^2〕である．

図1・9のような光源のある面 dS において θ 方向の光度を dI_θ，光源の見掛けの面積を dS' とすると，θ 方向の輝度 L_θ は

$$L_\theta = \frac{dI_\theta}{dS'} = \frac{dI_\theta}{dS\cos\theta} \tag{1・15}$$

で求められる．

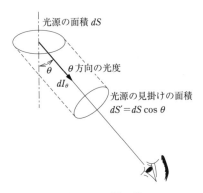

図1・9　輝　度

1.2.7　均等拡散面

どの方向から見ても輝度の等しい面を**均等拡散面**（反射率が1である理想的な均等拡散面を完全拡散面という）といい，このとき，法線方向の光度 dI_n と θ 方向の光度 dI_θ との間には

$$dI_\theta = dI_n \cos\theta \tag{1・16}$$

の関係があり，光度の軌跡は**図1・10**のような円形になる．これを**ランベルトの余弦法則**という．いいかえれば，ランベルトの余弦法則に従う面は均等拡散面となる．

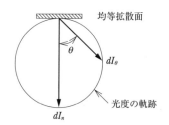

図 1・10　ランベルトの余弦法則

また，均等拡散面においては輝度 $L[\mathrm{cd/m^2}]$ と光束発散度 $M[\mathrm{lm/m^2}]$ との間に

$$M = \pi L \tag{1・17}$$

の関係がある．

1.2.8　反射率，透過率，吸収率

図 1・11 のように，ある面に入射する光束を Φ，この面を透過する光束を Φ_τ，この面より反射する光束を Φ_ρ とすると，反射率 ρ と透過率 τ は

$$\rho = \frac{\Phi_\rho}{\Phi} \tag{1・18}$$

$$\tau = \frac{\Phi_\tau}{\Phi} \tag{1・19}$$

で与えられる．また

$$\Phi - \Phi_\rho - \Phi_\tau = \Phi_\alpha \tag{1・20}$$

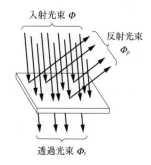

図 1・11　入射光束，反射光束，透過光束

とすると，Φ_α はこの面に吸収された光束であり，したがって，吸収率 α は

$$\alpha = \frac{\Phi_\alpha}{\Phi} \tag{1・21}$$

となる．これら反射率 ρ，透過率 τ，吸収率 α との間には

$$\rho + \tau + \alpha = 1 \tag{1・22}$$

の関係がある．

1.2.9 基本的な測光量の相互関係

以上のまとめとして，照明工学における基本的な測光量である光束，光度，照度，光束発散度，輝度についての相互関係を図1・12に示す．

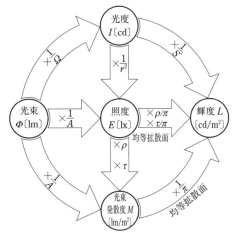

図1・12 基本的な測光量の相互関係

1.3 目と見え方

1.3.1 目の構造

目は眼球と視神経とからなり，その構造は**図 1・13** のとおりである．眼球は直径約 21～25 mm の球体で，カメラとよく比較される．角膜は眼球を保護し，紫外放射を遮断する．水晶体は単レンズであって，その厚さを増減することにより，自動的に注視するものにピントが合わせられる．この動作を行うのは水晶体を輪状に取り巻く毛様体で，この筋が収縮すれば水晶体を周囲から吊っている毛様小帯がゆるみ，水晶体は自己の弾性で丸くなり屈折力を増す．逆に毛様体がゆるめば毛様小帯の張力が増すので，水晶体は扁平となり屈折力は減少する．虹彩はカメラの絞りの役目を果たし，注目している物の明暗によって自動的に開閉する．カメラのフィルム面に相当する網膜は厚さわずか約 0.3 mm の透明な膜でできており，角膜，水晶体，硝子体を通過した光が，ここに像を結ぶ．

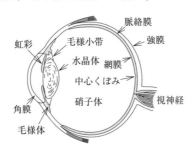

図 1・13　目の構造

網膜には桿体と錐体の 2 種類の視細胞が配列されている．桿体は暗いところで働き，光に対する感度は高いが，色を区別する能力がない．錐体は明るいところで働き，光に対する感度は桿体より劣るが，L 錐体，M 錐体，S 錐体の 3 種類の反応によって色を識別することができる．桿体だけが働いている状態を**暗所視**，錐体だけが働いている状態を**明所視**，両方とも働いている状態を**薄明視**と呼んでいる．これらの作用の交替は，全く自動的に行われる．網膜のうち中心くぼみは最も感度がよく，錐体の大部分はここに密集し，外周にいくほど少なくなってい

る．また，桿体は中心くぼみの近くにはほとんどなく，外周部に多くある．視細胞には神経線維がつながり，これが集まって視神経となって大脳に視覚情報を送っている．このすべての神経線維が集合した部分には視細胞がないので物が見えず，**マリオットの盲点**と呼ばれている．

1.3.2 分光視感効率

光として感じる波長380〜780 nmのわずかな範囲の中でも，長い波長に対しては赤，短い波長に対しては青というように，色の変化を鋭敏に感じ取ることができる．また，明るさの感覚も波長によって異なり，波長555 nmの黄緑色の部分は明るく感じ，380 nmや780 nm付近の青や赤の部分は暗く感じる．波長555 nmの明るさを1とし，これと同じエネルギーを持つ他の波長の明るさ感覚を比較値で表したのが**分光視感効率**である．分光視感効率には個人差があるので，多くの人の平均をとって，国際照明委員会（CIE：Commission Internationale de l'Eclairage）により，図1・14の実線に示すような標準分光視感効率（2度視野明所視）が定められている．

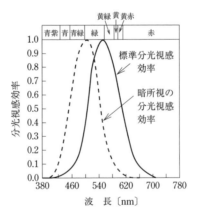

図1・14 標準分光視感効率と暗所視の分光視感効率

明るいところでは同じ明るさに見える赤と青を薄暗いところで見ると，青が赤より明るく見える．この現象を**プルキンエ現象**という．これは明所視では錐体が，暗所視では桿体が働くためで，標準分光視感効率は前者の状態をとっている．後者の分光視感効率は，図1・14の破線に示すように，その最大が短い波長にずれ，青い色を明るく感じるのである．

1.3.3 視力

視力とは，目が物の形をどのくらい細かいものまで認め得るかの能力であり，普通2個の点を見た場合，それらの点を2点として分離して見ることのできる最小の視角（分）の逆数をもって表している．例えば，**図1・15**のような**ランドルト環**の切れ目を認め得るか否かを測定し，図の円環を5 m から見てその切れ目を認め得れば視角は1分，したがって視力は1.0といい，2.5 m の距離からでなければ認め得ない場合には視角2分，視力は0.5となる．

この視力はランドルト環のような視標面上の明るさによって異なり，明るければ視力は増大する．**図1・16**は明るさと視力の関係を示すもので，低いほうは桿体による暗所視の場合で，高いほうは錐体による明所視の場合である．しかし，あまり明るさが大きくなっても視力はそれに比例して増加せず，飽和の傾向を示している．

また，対象物を見る時間あるいは対象物の動きによっても視力は変化する．すなわち，見る時間が極端に短かったり，対象物の動きが速かったりすると，視力は悪くなる．

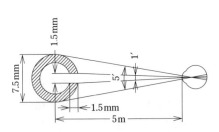

図1・15　ランドルト環による視力の測定

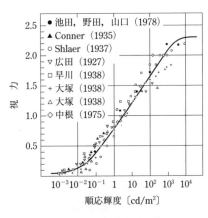

図1・16　視力と明るさ

1.3.4 視野

目に見える範囲の広がりを**視野**といい，日本人では左右に約100°，上下に50〜70°の広がりを持っている．しかし視野のなかのすべての部分が均等な見え方

第1章　照明の基礎

をしているのではなく，注視点を囲む1°くらいがはっきりしているだけで，周囲はぼんやりとしか見えていない．これは明るいところで物の形や色を捉える視細胞の錐体が，網膜の中心部に密集しており，周辺部ほど少なくなっているからである．特に中心くぼみは錐体だけで構成され，神経線維1本を1個の視細胞が占有しているので鮮明に見えるが，この特殊な部分は直径約0.3mmの範囲であり，これを視角に直すと約1°にしか相当しない．

これを補っているのが目の運動であり，注視点が常に見えるものの上を動いて，外景の鮮明な映像の把握に無意識のうちに努めているのである．

1.3.5　対　比

灰色の紙に印刷された黒い文字より，白紙に印刷されたもののほうが見やすいように，明るさが十分であっても見る物と背景との間に輝度の差がないと見にくくなる．見る対象物の輝度とその背景の輝度との違いを表すのに**輝度対比**（または**対比**）が用いられ，一般に次式で与えられる．

$$C = \frac{|L_1 - L_2|}{L_1}$$

(1・23)

ここで，Cは輝度対比，L_1は背景の輝度，L_2は見る対象物の輝度である．

1.3.6　順　応

目が明るいところでも暗いところでも見えるように慣れることを順応作用という．目が実際に経験する明るさは，月明かりの0.1lxから直射日光の10万lxに至るまでの$1 : 10^6$以上にも達するので，虹彩の調整だけでは不十分である．そこで視細胞の錐体と桿体が自動的に切り換わることにより網膜の感光度を数万倍にも変化させて，これを補っている．明るいところに慣れるのを**明順応**，暗いところに慣れるのを**暗順応**という．一般に，目が完全に暗順応するには30分以上の時間を要するが，明順応は1分以内で完了する．

1.3.7　グレア

視野の中に飛び抜けて高い輝度の物があったり，強すぎる輝度対比があったりすると，見え方が低下するとともに不快な感じを受けることがあるが，この現象

を**グレア**（まぶしさ）といい，照明の質を左右する最も大きな要因となっている．グレアには2つのタイプがあって，これらは別々に起こることもあるが，しばしば同時に起こる．

第一は，**減能グレア**または**不能グレア**と呼ばれ，視覚の低下を起こすグレアであり，目の生理的観点から評価される．例えば，直接太陽を見たときや，夜間に自動車を運転していて対向車の前照灯の光が直接目に入ったときなど，目がくらんで物がよく見えなくなるが，このような場合をいう．

第二は**不快グレア**で，心理的な不快感に基づくグレアである．これは視野内に順応輝度よりも著しく高い輝度の物が現れた場合に，視覚の能力は必ずしも低下しないが，まぶしさを感じたり，目の疲労を起こしたりする場合である．

グレアが生じるのは，光源の輝度による場合が最も多く，グレアが強くなる条件としては

① 周囲が暗く，目が暗さに慣れている場合
② 光源の輝度が高い場合
③ 光源が視線に近い方向にある場合
④ 光源の見掛けの面積が大きい場合

などがあげられる．

以上の他に**反射グレア**と呼ばれるものがある．これは明るい窓や光源がディスプレイやつやのある紙面に映り込んだとき，文字などが光って読みにくくなるような現象をいい，画面や紙面上における光源の鏡面反射によって，文字などとの間の輝度対比が減少するために起こるものであり，**光幕反射**ともいわれる．

1.3.8　演色性

水銀ランプや低圧ナトリウムランプに照らされた物体は，本来の色とは違って見える．このような物体色の見え方を決定する光源の性質を**演色性**という．

物体色の見え方が異なる要因は2つあり，1つは光源の分光分布の変化によって，その物体からの反射光の分光組成が変わるため異なる色に感じる場合と，他の1つは照明光や周囲全般の色度に目が慣れて，その光色が白色に見えるように目の感度が変わることによる．一般に前者によって色の見え方がずれる方向へ，後者によって目が慣れて色の見え方が元に戻る方向に働き，互いに打ち消し合えない分が演色性の相違として感知される．

光源の演色性は平均演色評価数（R_a）および特殊演色評価数（$R_9 \sim R_{15}$）によって表されるが，これらは試料光源で照明したときの色の見え方が基準光源で照明したときの色の見え方にどれだけ近いかを数量的に表したもので，100に近いほど演色性のよいことを示している．

演習問題

1　あらゆる方向に 120 cd の光度を持つ点光源の全光束を求めなさい．

2　直径 1.4 m の円形の床に 500 lm の光束が入射している．この床の照度を求めなさい．

3　直下 2 m の照度が 450 lx の場合の，光源の光度を求めなさい．また，この光源を高さ 1.6 m とした場合の，直下の照度を求めなさい．

4　半径 0.2 m の円状の光源を 45°の方向から見たときの，光源の輝度を求めなさい．なお，光源の光度は 45°の場合で 500 cd とする．

参考文献

1) 照明学会（編）：照明ハンドブック（第 3 版），pp. 15-29, pp. 24-31, pp. 33-35, pp. 48-49, オーム社（2020）

第2章

色彩の基礎

　私たちの身の回りにはさまざまな色があふれている．色の見え方として，物体表面に属しているように知覚される物体色や発光している物の色として知覚される光源色がある．これらの色を例えばレモン色やとび色のように色名で表すことが多いが，正確に色を表すことはできない．色を正確に表す代表的な方法として，マンセル表色系と XYZ 表色系がある．また，印刷，塗装，服飾などの多くの分野においては色を正確に測定することが求められている．物体表面や光源などの色を測定することを測色という．測色には，分光測色法と刺激値直読法がある．本章では，最初に表色系について述べ，次に測光の基礎や測色方法について述べる．

第 2 章　色彩の基礎

2.1　色と表示方法

2.1.1　色　覚

　白黒画像に比べてカラー画像の情報量は格段に大きい．明暗だけでなく色を知覚するということは，脳の情報処理量を増やすために大きな負担となる．それでも色を識別できるようになっているのは，その動物にとってそれだけのメリットがあるためと考えられる．天敵を発見していち早く逃げたり，食糧を見つけたりするためには，色の情報があれば有利に働く．人やサル，鳥類などの果実を餌とする動物や花の蜜を吸う昆虫などにおいて**色覚**が発達している．以下，人の色覚について説明する．

　1 章「照明の基礎」では光の波長によって目の感度が異なることを示した．しかし波長によって異なるのは感度だけではなく，色も異なる．JIS（日本産業規格）の**光源色**の**系統色名**によると，波長の短いほうから，青紫，青，青緑，緑，黄緑，黄，黄赤，赤と色は変化する．なお，紫は赤と青などの混色によって生ずる色である．

　わたしたちの身の回りの物は青色や赤色をしているかのように感じられる．しかし，実際には物の表面にも色が付いているわけではない．それぞれの物には，表面に白い光が当たると，原子や分子が一部の光を反射し，残りの光を吸収したり透過したりする性質がある．この性質の違いで，あたかも物の表面に色が付いているように感じられるのである．つまり光が反射や透過をすることによってはじめて物に色が生じる．例えば，赤いリンゴは，長い波長の光（赤）を多く反射し，それ以外の短い波長の光（青）や中間の波長の光（緑，黄）をほとんど吸収する．

　最初に波長の違いによって色が異なることを確かめたのは 17 世紀のニュートンであった．彼は小穴から太陽光を暗室に導き，プリズムを使って分光させ，色の見え方に関する実験を行った．そして「光線には色が付いていない」という有名な言葉を残している．光そのものに色が付いているのではなく，波長（振動数）の違いを色の違いとして感じる仕組みが人の目にある．ではなぜ，波長によ

って色が異なって見えるのであろうか.

　眼球の内側の網膜には光を感知する視細胞がある.**視細胞**には**錐体**と**桿体**があるが,**図2・1**に示すように**明所視**で働く錐体は波長に対する感度の違いによってさらに3種類に分けられる.長い波長の光に感度の高い**L錐体**,中間の波長の光に感度の高い**M錐体**,短い波長の光に感度の高い**S錐体**があり,それらの反応の大きさをもとに色を感じ取る仕組みができている.このことは,赤,緑,青の3種類の光を混色することによってほぼすべての色を作り出せることとも一致する.このような考え方を**ヤング-ヘルムホルツの三色説**という.S錐体に対して,L錐体とM錐体の波長に対する感度曲線は近い値になっている.これはもともと2種類しかなかった錐体のうち,片方の錐体がL錐体とM錐体に分かれたためと考えられている.

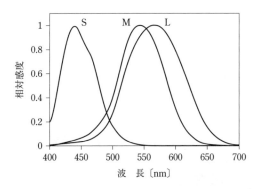

図2・1　錐体の分光感度(Smith and Pokorny (1975[1]))

　人の色の感じ方は,赤と緑を反対の色として知覚し,黄と青を反対の色として知覚している.赤味を感じる色を見たときには緑味を感じることはないし,緑味を感じる色を見たときには赤味を感じることはない.また黄味を感じる色を見たときには青味を感じることはないし,青味を感じる色を見たときには黄味を感じることはない.**図2・2**に示すように反対の色を同時に知覚することはない.一方,赤味と黄味などの隣り合うものは同時に感じることができ,この場合にはオレンジ色として見える.このような考え方を**ヘリングの反対色説**という.3種類の錐体の反応の大きさをそのまま知覚しているのではなく,3種類の信号を処理し,赤-緑と黄-青の信号に変換して色を知覚している.この信号の変換は網膜の細胞の中で行われている.

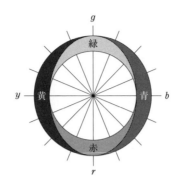

図 2・2　色の感じ方（Hurvich,1981[2]）

　暗所視で働く桿体は 1 種類しかない．したがって，暗所視では明暗のみを感じ，色を感じることはない．ただし，夜間に灯火を見るときのように，錐体の閾値を超える強さの光に対しては錐体が働き色を感じる．また，3 種類ある錐体のうち，1 つでも正常に機能しないと当然色の見え方が異なってくる．これが**色覚異常**の主な原因である．

　色の見え（現れ）方には，物体表面や光源というような見え方の様相（モード）が存在する．代表的な色の見え方として，物体表面に属しているように知覚される**物体色**や発光している物の色として知覚される**光源色**がある．

2.1.2　色の表示方法

　色の表示方法には大きく分けて 3 つの方法がある．**色名**による方法，**マンセル表色系**による方法，***XYZ* 表色系**による方法である．

　色名による方法は人に色の様相を伝える手段として日常生活で広く使われているが，この色名には**慣用色名**と**系統色名**とがある．慣用色名は，「鼠色」「とび色」「茶色」「小豆色」のように動物や植物など，私達の身の回りに存在するいろいろな物に結び付けた慣用的な呼び方で表された色名である．また，系統色名は，"鮮やかな赤"，"明るい緑みの青"のように，赤や青などの基本色名に修飾語を付けて，系統的に分類して表現できるようにしたものである．物体色の色名については，無彩色の基本色名として白，灰色，黒の 3 種類，有彩色の基本色名として赤，黄，緑，青，紫，黄赤，黄緑，青緑，青紫，赤紫の 10 種類が用いられている．

これらは，JIS でも表面色を表示する際の色名としては「物体色の色名」（JIS Z 8102）の中で規定されており，また，発光しているように知覚される色に関しては「光源色の色名」（JIS Z 8110）の中で規定されている．

色名による方法はわかりやすいが，色を正確に表示するには適さない．色を正確に表す代表的な方法として，マンセル表色系と XYZ 表色系がある．

2.1.3　マンセル表色系

物体の表面の色は，赤や黄などの**有彩色**と白や黒などの**無彩色**に分けられる．有彩色は**色相**（hue），**明度**（value），**彩度**（chroma）の 3 つの属性を持ち，無彩色は明度のみの属性を持っている．

色相は，赤（R），黄（Y），緑（G），青（B），紫（P）とそれらの組合せによって表される色知覚の属性である．図 2・3 に示すように，色相知覚の差が等しくなるように 10 種の色相を環状に並べ，さらにそれぞれの色相は 10 等分されている．

明度は物体表面の相対的な明るさで表したものである．無彩色を基準とし，理想的な黒（反射率 0）を明度 0，理想的な白（反射率 1）を明度 10 とし，その間を明るさ知覚の差が等間隔になるように分割して表す．有彩色の明度は，その明

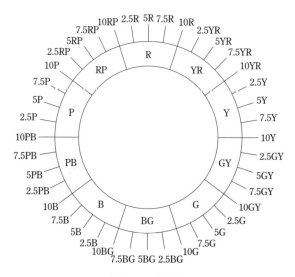

図 2・3　色相環

るさ知覚が等しい無彩色の明度により表される．

　彩度は色味の強さを表したものである．その色と明度の等しい灰色と比べ，色味の強さの知覚的な隔たりを数値で示す．**図2・4**に示すように，無彩色の彩度を0とし，他は色味の強さに応じて，彩度知覚の差が等しくなるように並べられ，順次1，2，3，‥‥と値が割り振られる．最高彩度の値は色相や明度によって異なる．

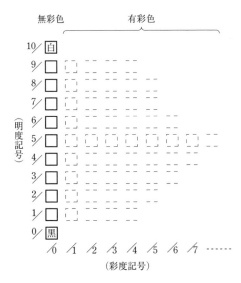

図2・4　標準色票における明度と彩度の配列

　色相を H，明度を V，彩度を C とすると，有彩色の表示記号は HV/C，無彩色の表示記号は明度の値の前に無彩色を意味する文字記号 N を付けて NV で記載する．例えば，タンポポの花は5Y8/13と表せる．また，高さが60m以上の鉄塔や煙突は昼間障害標識（赤と白の塗色）が義務付けられているが，規定されている色のうち代表的な色をマンセル表色系によって表示すると，赤は10R4/13，白はN9.5となる．

　図2・5に示す**標準色票**は，JISに基づいて製作された色票を，上述のマンセル表色系の等歩度性という特徴を表すように配列したカラーチャート集である．この標準色票によって，記号で示された色がどんな色であるかを確かめたり，また，マンセル表記が不明のあるサンプル色があった場合に，この標準色票の色と突き合わせることによって，そのサンプル色の値を推測したりすることができる．

図 2・5　標準色票

2.1.4　*XYZ* 表色系による色の表示方法

ほとんどすべての色は，赤，緑，青の三原色を混色することによって作ることができる．鮮やかな黄や青緑などの一部の色は三原色の混色では作ることはできないが，例えば，鮮やかな青緑に赤を混色すれば，緑と青を混色した色と等しくなる．そこで，赤，緑，青の三原色の代わりに，*X*, *Y*, *Z* の仮想上の色刺激を原刺激とし，これらの混色によってすべての色を表すようにする．また，*X*, *Y*, *Z* はそれらが等量のときに白色になるように決められている．*X*, *Y*, *Z* を混色させる量をそれぞれ X, Y, Z とすると，任意の色 *C* は

$$C \equiv X\mathbf{X} + Y\mathbf{Y} + Z\mathbf{Z} \tag{2・1}$$

と表すことができる．記号≡は等色を表し，混色させる量 X, Y, Z を**三刺激値**と呼ぶ．

対象の大きさ（視角）によって人が見る色の感覚は変化する．*XYZ* 表色系は，視角が約 1～4°の視野に適用される．$X_{10}Y_{10}Z_{10}$ 表色系は，視角が 4°を超える視野に適用される．以下，*XYZ* 表色系について説明する．

〔1〕　等色関数

可視波長の全域にわたって，それぞれ等しい放射パワーを持つ単色光刺激と等

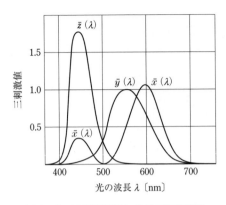

図 2・6　XYZ 表色系における等色関数

色するのに必要な三刺激値 X, Y, Z を求めたものを**等色関数**と呼び，$\bar{x}(\lambda)$，$\bar{y}(\lambda)$，$\bar{z}(\lambda)$ で表す．等色関数を**図 2・6** に示す．$\bar{y}(\lambda)$ は，**標準分光視感効率** $V(\lambda)$ と等しい．

〔2〕**三刺激値**

　光源色の三刺激値と物体色の三刺激値の定義は異なる．光源色の三刺激値は式 (2・2) により求められる．

$$\left.\begin{array}{l} X = k\int_{380}^{780} S(\lambda)\bar{x}(\lambda)d\lambda \\ Y = k\int_{380}^{780} S(\lambda)\bar{y}(\lambda)d\lambda \\ Z = k\int_{380}^{780} S(\lambda)\bar{z}(\lambda)d\lambda \end{array}\right\} \quad (2\cdot2)$$

ここで，$S(\lambda)$：対象の分光分布，k：比例定数で式 (2・3) の値を用いると Y が測光量を表すことになる．

$$k = 683 \text{ lm/W} \quad (2\cdot3)$$

物体色の三刺激値は式 (2・4) により求められる．

$$\left.\begin{array}{l} X = K\int_{380}^{780} S(\lambda)\rho(\lambda)\bar{x}(\lambda)d\lambda \\ Y = K\int_{380}^{780} S(\lambda)\rho(\lambda)\bar{y}(\lambda)d\lambda \\ Z = K\int_{380}^{780} S(\lambda)\rho(\lambda)\bar{z}(\lambda)d\lambda \end{array}\right\} \quad (2\cdot4)$$

ここで，$S(\lambda)$：対象を照明する光の分光分布，$\rho(\lambda)$：対象の分光反射率，K：比例定数で式（2・5）の値を用いると**完全拡散反射面**の Y が 100 となり，Y は**視感反射率**を表すことになる．視感反射率とは，物体に入射した光束に対する反射した光束の比をいう．

$$K = \frac{100}{\int_{380}^{780} S(\lambda)\bar{y}(\lambda)d\lambda} \tag{2・5}$$

〔3〕 **標準イルミナント**

対象を照明する光の分光分布が変化すると物体色の三刺激値 X, Y, Z も変化するため，客観的に色を表示できない．**標準イルミナント**は国際照明委員会（CIE）が相対分光分布を規定した測色用の光で，**標準イルミナント A**，D50 および D65 がある．標準イルミナント A は 2 856 K の黒体の発する光であり，タングステン電球で照明された色を表示する目的で定められた．**標準イルミナント D50**（CIE 昼光 D50）は相関色温度 5 003 K の昼光に相当し，グラフィック，アート，写真の分野で広く使用されている．**標準イルミナント D65**（CIE 昼光 D65）は相関色温度 6 504 K の紫外部を含む平均昼光に相当し，昼光で照明された物体の色の表示に用いられる．波長 555 nm の値で正規化された標準イルミナント A，D50 および D65 の相対分光分布を**図 2・7** に示す．

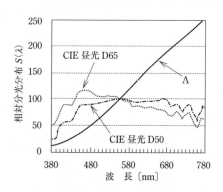

図 2・7 標準イルミナントの相対分光分布

〔4〕 **色度座標**

三刺激値 X, Y, Z は光の強さによって変わる．そこで式（2・6）により規格化した**色度座標** x, y, z が定められている．

第2章 色彩の基礎

$$\left.\begin{array}{l} x = \dfrac{X}{X+Y+Z} \\[6pt] y = \dfrac{Y}{X+Y+Z} \\[6pt] z = \dfrac{Z}{X+Y+Z} \\[6pt] x + y + z = 1 \end{array}\right\} \qquad (2\cdot 6)$$

x と y を定めれば z の値は決まる．したがって，一般に x と y によって色を表示する．ただし，物体色の色の表示は，原則として Y を付して Y, x, y と連記する[3]．

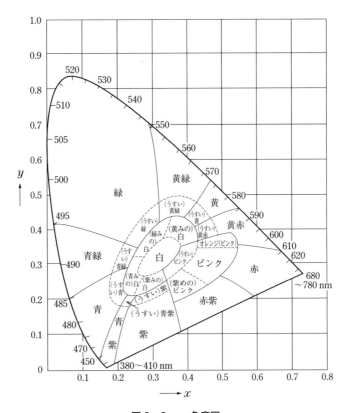

図2・8　xy色度図

例：Y_A = 40.2　　x = 0.303　　y = 0.324
　　　Y_{D65} = 35.3　　x = 0.404　　y = 0.278

例の添字 A および D65 は標準イルミナントの種類を表す．光源色の場合は x, y のみを連記する．

x, y による二次元平面を **xy 色度図** という．**図 2・8** に示す色度図の外側の曲線は，単色光刺激を表す点の軌跡（**スペクトル軌跡**）である．直線部分は，波長がほぼ 380 nm と 780 nm の単色光刺激の加法混色を表し，**純紫軌跡** という．すべての色はスペクトル軌跡と純紫軌跡で囲まれた領域内の点で表される．図 2・8 の中の区分は光源色の系統色名[4]と色度座標との関係を示す．

色を指定するときには色度座標や色度図を用いると正確であり便利である．例えば，CIE の勧告で決められている視覚信号の色は，色度図を用いてその領域が指定されている．

2.1.5　均等色空間

2 つの色の差を見分けられる最少の**色差**（知覚される色の隔たり）を**色弁別閾**という．**図 2・9** の楕円は，xy 色度図上における色弁別閾の 10 倍の大きさを表している．つまり図中の 10 分の 1 の楕円を考えたとき，楕円の中にある十字の交点の色と楕円の外の色は識別ができるが，楕円の内側の色とは識別ができない

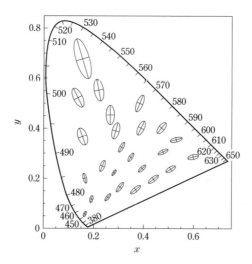

図 2・9　色弁別閾（MacAdam, D.L., 1942[5]）

第 2 章　色彩の基礎

ことを表している．色弁別閾が円にならず楕円になっていることや楕円の大きさが色度座標の位置により異なっていることは，色度図上の距離が色差と一致しないことを示している．XYZ 表色系は色を数量的に正確に表すことができるが，色差を表すためには利用できない．色差を表示できるように意図したものが**均等色空間**であり，1976 年に CIE により CIE $L^*u^*v^*$ 色空間と CIE $L^*a^*b^*$ 色空間が勧告された．これらの均等色空間は一般には物体色のみに適用される．

〔1〕　**CIE $L^*u^*v^*$ 色空間**

L^* は明るさを u^*，v^* は色みを表し，それぞれ式（2・7）によって定義する．

$$
\left.
\begin{aligned}
L^* &= 116\left(\frac{Y}{Y_n}\right)^{1/3} - 16 \\[4pt]
u^* &= 13L^*(u' - u_n') \\[4pt]
v^* &= 13L^*(v' - v_n') \\[4pt]
u' &= \frac{4X}{X + 15Y + 3Z} \\[4pt]
v' &= \frac{9Y}{X + 15Y + 3Z} \\[4pt]
u_n' &= \frac{4X_n}{X_n + 15Y_n + 3Z_n} \\[4pt]
v_n' &= \frac{9Y_n}{X_n + 15Y_n + 3Z_n}
\end{aligned}
\right\}
\tag{2・7}
$$

ここで，X，Y，Z は XYZ 表色系における三刺激値，X_n，Y_n，Z_n は完全拡散面の XYZ 表色系における三刺激値であり，$Y/Y_n < 0.008\,856$ の場合は $L^* = 903.29$ (Y/Y_n) とする．

色差は式（2・8）によって求める．

$$
\Delta E_{uv}^* = \sqrt{(\Delta L^*)^2 + (\Delta u^*)^2 + (\Delta v^*)^2}
\tag{2・8}
$$

ここで，$\Delta L^* = L_2^* - L_1^*$，$\Delta u^* = u_2^* - u_1^*$，$\Delta v^* = v_2^* - v_1^*$ であり，添字 1，2 はそれぞれ色差を求めようとする対象 1 と対象 2 を表す．

〔2〕　**CIE $L^*a^*b^*$ 色空間**

L^* は明るさを a^*，b^* は色みを表し，それぞれ式（2・9）によって定義する．

28

$$L^* = 116\left(\frac{Y}{Y_n}\right)^{1/3} - 16$$

$$a^* = 500\left[\left(\frac{X}{X_n}\right)^{1/3} - \left(\frac{Y}{Y_n}\right)^{1/3}\right] \quad (2\cdot 9)$$

$$b^* = 200\left[\left(\frac{Y}{Y_n}\right)^{1/3} - \left(\frac{Z}{Z_n}\right)^{1/3}\right]$$

ここで，X，Y，Z は XYZ 表色系における三刺激値，X_n，Y_n，Z_n は完全拡散面の XYZ 表色系における三刺激値であり，X/X_n，Y/Y_n，Z/Z_n はいずれも 0.008 856 より大きい値とする．

色差は式（2・10）によって求める．

$$\Delta E_{ab}^* = \sqrt{(\Delta L^*)^2 + (\Delta a^*)^2 + (\Delta b^*)^2} \quad (2\cdot 10)$$

ここで，$\Delta L^* = L_2^* - L_1^*$，$\Delta a^* = a_2^* - a_1^*$，$\Delta b^* = b_2^* - b_1^*$ であり，添字 1，2 はそれぞれ色差を求めようとする対象 1 と対象 2 を表す．

マンセル色票の **CIE $L^*u^*v^*$ 色空間**と **CIE $L^*a^*b^*$ 色空間**における座標を**図 2・10** に示す．完全ではないが不均等性が改善されている．

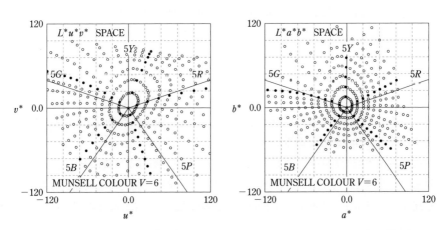

図 2・10　CIE $L^*u^*v^*$ 色空間と CIE $L^*a^*b^*$ 色空間におけるマンセル色票の座標（マンセル色票の明度は $V=6$）[6]

第 2 章　色彩の基礎

2.2　測　色

2.2.1　測光の基礎

　光の量を測定することを測光といい，照度，輝度，光度，光束などが主な測光量である．

　光を電気信号に変換する素子を**光電変換素子**という．光電変換素子には，フォトダイオード，光電池，光電管，光電子増倍管などがある．フォトダイオードは，pn 接合部付近に光が照射されると光起電力が発生し，これにより光を検出する素子である．一般的な測光器の光電変換素子としてはシリコンフォトダイオードが用いられている．

　1 章「照明の基礎」で述べたように人の目は光の波長によって感度が異なっている．さらに，**明所視**と**暗所視**では光の波長に対する感度が異なっている．測光量は明所視の標準分光視感効率により評価される．測光には分光測光方法と刺激値直読方法とがある．分光測光方法では，回折格子などの分光器により分光分布を測り，標準分光視感効率を掛け合わせて積分し，測光量を求める．刺激値直読方法に比べて精度が高い．刺激値直読方法では，測光量を測定する測光器には**標準分光視感効率**に近似した分光応答特性を持つ受光器が用いられている．したがって光電変換素子の出力が，直接測光量を表す．ただし，感度の低い波長の光（波長の短い青色の光や波長の長い赤色の光）については感度のずれが生じやすく，誤差が大きくなる場合がある．このようなときは色補正係数による補正が必要である．また，感度特性が経年変化するので，信頼し得る機関などにおいて定期的に校正を行う必要がある．

　点灯後，光源からの光の強度が安定してから測定を行う．特に HID ランプを対象とした測光には十分時間をとる必要がある．また，測定対象以外から入り込む迷光や点灯電圧，周囲温度などの誤差要因にも注意を払わなければならない．

2.2.2　分光測色方法

　分光器により物体からの反射光や光源の分光分布を測定し，図 2・6 で示した

等色関数を用いて三刺激値を計算により求める方法である．ある波長成分だけ取り出すにはプリズムや回折格子を使うが，一般的な分光器には回折格子が用いられている．分光測色法による測色は，精度が高く高度な色の解析に適している．

物体の色は見る方向や照明する方向によって違ってくる．物体色を測定する場合，センサで受光する方向と光源によって照明する光の入射方向の条件が定められている．測定対象の法線に対して 45° の角度から照明し法線方向で受光する方法，測定対象の法線方向から照明し法線に対して 45° の角度で受光する方法，積分球を使ってあらゆる方向から均等に照明し法線方向から受光する方法などがある．

2.2.3　刺激値直読方法

3 種類のフィルタを用いた**光電色彩計**により，三刺激値を直接測定する方法である．光電色彩計の分光感度が等色関数 $\bar{x}(\lambda)$，$\bar{y}(\lambda)$，$\bar{z}(\lambda)$ と近似するように作られている．しかし，実際上は光電色彩計の分光感度を等色関数と完全に一致させるのは難しく，精度がやや劣るため，高度な色の解析には適しているとは言えない．一般に測定器は小型で手軽である．**照度計形色彩計**，**輝度計形色彩計**などがある．

2.3　色温度と相関色温度

一般の照明に用いる光の色は，**黒体放射**に近い光の色になる．3.1.2 項のとおり黒体放射は物体を熱したときに出る**熱放射**のため，その光色は絶対温度〔K：ケルビン〕で表すことができ，**色温度**と呼ばれる．**xy 色度図**で色温度を表すと**図 2・11** のように示され，色度図上でのそれぞれの温度の黒体放射が発する色温度を繋いだものを**黒体軌跡**と呼ぶ．一方，**LED** など熱放射ではない光源の光色は黒体放射の分光分布と一致しないため，その光色は黒体軌跡上に来るとは限らない．そこで，その光色（色度）に近い黒体放射の色温度を相関色温度〔K〕として表す．相関色温度は，**xy 色度図**座標の距離と色差が一致しないことを改

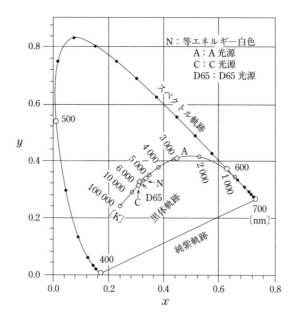

図 2・11　*xy* 色度図で示す色温度

善する目的で 1960 年に CIE により提案されて採択された CIE 1960 UCS 色度図（uv 色度図．2.1.5 節の CIE $L^*u^*v^*$ 色空間とは異なる．CIE 1960 UCS 色度図をさらに改善したものが CIE $L^*u^*v^*$ 色空間となる）を用いて説明される．図 2・11 を uv 座標で示したものが**図 2・12** である．図 2・12 の黒体軌跡の接線から垂直に伸ばした線の上にある色度が相関色温度と呼ばれる．そして，その垂直線上の黒体軌跡からの長さが黒体軌跡からのズレの表現となり，duv もしくは Duv（Duv = 1 000 × duv）と呼ばれる．duv の値が＋側だと緑色を帯びて見えて，－側だと赤紫色を帯びて見える．なお，相関色温度の範囲は duv が±0.02 の範囲であることが JIS Z 8725：2015 で定められている．**図 2・13** は相関色温度と duv の関係を *xy* 色度図で示したものである．

　参考として各種光源とその相関色温度を**表 2・1** に示す．なお，白色 LED の場合，相関色温度は**蛍光体**との組合せなどにより自由に設定でき，主には 2 700〜6 500 K の範囲でラインナップされていることが多い．

2.3 色温度と相関色温度

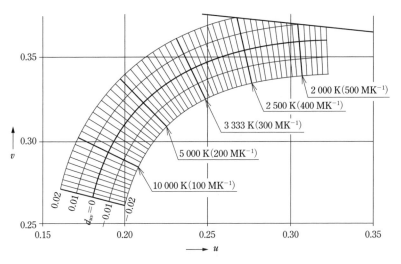

図 2・12 CIE 1960 色度図における黒体軌跡および等色温度線
(JIS Z 8725:2015 より抜粋)

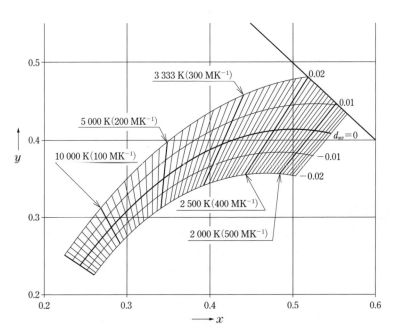

図 2・13 CIE 1931 色度図における黒体軌跡および等色温度線
(JIS Z 8725:2015 より抜粋)

表 2・1　各種光源とその相関色温度

光　源	色温度 [K]
ろうそく	1 920
日の出 30 分後の太陽	2 400～2 650
天頂上の太陽	6 280
曇　天	7 000
青　空	12 000
満　月	4 125
一般照明用電球（57W）	2 850
ハロゲン電球（照明用）	3 000
蛍光ランプ（白色）	4 200
〃　　（昼光色）	6 500
蛍光水銀ランプ	3 900
メタルハライドランプ	3 800～6 000
高圧ナトリウムランプ	2 050～2 500

演習問題

[1]　色の見える仕組みについて簡単に説明せよ．

[2]　xy 色度図と均等色空間について簡単に説明せよ．

[3]　マンセル表色系で 3R5/9 と表示された色について，色相，明度および彩度を示せ．また N3 と表示された色はどのような色を表すか述べよ．

[4]　色度座標が $x = 0.40$，$y = 0.55$ である光源色の系統色名を示せ．

[5]　測色における分光測色法と刺激値直読法の違いについて説明せよ．

参考文献

1) Smith,V.C. and Pokorny, J.: Spectral sensitivity of the foveal cone photopigments between 400 and 500 nm. Vision Res. Vol. 15, pp. 161-171（1975）
2) Hurvich, Leo M.: COLOR VISION, Sinauar Associates Inc.（1981）
3) JIS Z 8722（色の測定法―反射及び透過物体色）
4) JIS Z 8110-1995（色の表示方法―光源色の色名）
5) MacAdam, D. L.: Visual sensitivities to color differences in daylight. J. Opt. Soc. Am., Vol. 32, pp. 247-274（1942）
6) 小原清成（編）：新しい照明ノート，オーム社，p. 41（1996）

第3章

光　源

　照明に用いられる光源の発光は熱放射とルミネセンスに分類できる．本章では，まず，その熱放射とルミネセンスの基礎的な発光原理を解説する．

　続いて，最近主力となっている固体光源の代表である LED および白色 LED について発光原理，構造，種類，特性などについて詳しく紹介する．

　また，有機 EL やレーザについても概要を紹介する．なお，実際の現場ではまだまだ多く使用されている白熱電球や蛍光ランプおよび HID ランプなどの従来光源についても，今後 LED 照明などの固体光源への置換えに当たって，その特性をよく理解しておく必要があり，基本的な内容を解説する．

3.1 光源の種類と発光の原理

3.1.1 光源の種類

　光源には自然光源と人工光源があり，自然光源の代表例は太陽光である．地上に到達する太陽光のことを全天日射と呼び，このうち可視域部分の太陽光を昼光と呼ぶ．昼光が届かない夜間や屋内では白色LED（Light Emitting Diode）などの人工光源が使われている．照明はこれらの光源を使用し，対象とする空間において人間が安全に効率よく活動することを可能にすること，必要に応じて快適性を付与することを目的としている．

　電磁波として，エネルギーの放出・伝搬することを（電磁）放射と呼ぶ．その放射を発生させるには，それぞれの波長に応じていろいろな方法があるが，光放射を発生させるには熱放射（温度放射ともいう）によるものと，ルミネセンスによるものの2つの方法がある．

　主な人工光源を**図3・1**に示す．人工光源は，白熱電球のように熱放射を利用した光源と，放電ランプやLEDのようにルミネセンスを利用した光源とに大別され，ルミネセンスを利用した光源はさらに放電，エレクトロルミネセンスとフォトルミネセンスを利用した光源に大きく分けられ，それぞれ用途に合わせて形

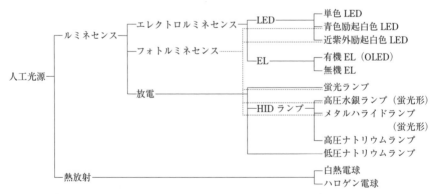

（フォトルミネセンスはこれのみではランプとならないため，破線で示している）

図3・1　主な人工光源の種類

状や大きさ，放射量，放射波長域などが異なるものがある．

3.1.2 熱放射

物体を熱したときに，原子，分子，イオンなど物質粒子の熱振動により，そこからエネルギーが放出される現象であり，低温では赤外放射されているが，数百 K にもなれば目に明るく感じられる可視光が含まれるようになる．フィラメントを電気的に高温にして発光させる白熱電球はこれに属する．この熱放射を原理的に説明するために，最も理想的な物体である仮想物体の**黒体**を考える．黒体とは入射するすべての放射を完全に吸収する物体，すなわち吸収率が 1.0 である物体で**完全放射体**とも呼ぶ．この熱放射を特に**黒体放射**という．これに対してある特定の波長において特に強い放射をするものを**選択放射体**という．放射体の単位表面積から発散する放射束を**放射発散度** M_e，波長 λ における放射束を**分光放射発散度** $M_e(\lambda)$ という．

〔1〕 **プランクの放射則（Planck's law）**

絶対温度 T，波長 λ における黒体の分光放射発散度 $M_e(\lambda, T)$ は，式（3・1）で与えられる．

$$M_e(\lambda, T) = c_1\lambda^{-5}\left\{\exp\frac{c_2}{\lambda T} - 1\right\}^{-1} \ [\mathrm{W/(m^2 \cdot nm)}] \tag{3・1}$$

ここで，$c_1 = 2\pi c^2 h = 3.742 \times 10^{20}$ W·nm^4/m^2，$c_2 = ch/k = 1.439 \times 10^7$ nm·K である．ただし，h はプランク定数（$= 6.626 \times 10^{-34}$ J·s），k はボルツマン定数（-1.381×10^{-23} J/K），c は真空中の光の速さ（$c - 2.998 \times 10^8$ m/s）である．

図 3・2 に，いくつかの T について，波長と $M_e(\lambda, T)$ との関係を示す．

〔2〕 **ウィーンの放射則（Wien's law of radiation）**

プランクより前にウィーンは狭い波長範囲において，近似的に次の式（3・2）が成り立つことを見出していた．式（3・1）の λT が小さいときに $\exp(c_2/\lambda T) \gg 1$ となり式（3・2）と等しくなる．

$$M_e(\lambda, T) = c_1\lambda^{-5}\exp\left(\frac{-c_2}{\lambda T}\right) \ [\mathrm{W/(m^2 \cdot nm)}] \tag{3・2}$$

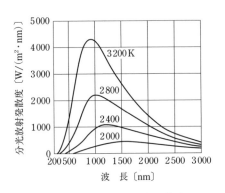

図 3・2　黒体の分光放射発散度

〔3〕 ウィーンの変位則（Wien's displacement law）

黒体からの放射のピーク波長は温度に反比例するという物理法則である．式 (3・2) の $M_e(\lambda, T)$ を波長 λ で微分して，微係数を 0 とおくと，$M_e(\lambda, T)$ が極大となる波長 λ_m が得られ，式 (3・3) が成立する．

$$\lambda_m T = 2.898 \times 10^6 \, \mathrm{nm \cdot K} \tag{3・3}$$

温度が高くなるにつれて，$M_e(\lambda, T)$ の最大値は波長の短いほうへ移行する．

〔4〕 ステファン・ボルツマンの法則（Stefan–Boltzmann law）

式 (3・1) を用いて黒体の全波長に対する放射発散度 M_e を求めると，式 (3・4) が得られる．

$$M_e = \int_0^\infty M_e(\lambda, T)\, d\lambda = \sigma T^4 \, [\mathrm{W/m^2}] \tag{3・4}$$

ここで，σ はステファン・ボルツマン定数（$= 5.670 \times 10^{-8}\,\mathrm{W/m^2 \cdot K^4}$）と呼ばれる．この式は，黒体の放射発散度はその絶対温度の 4 乗に比例することを示している．

〔5〕 キルヒホッフの法則（Kirchhoff's law）

物質が一定の温度状態にある放射平衡状態において，放射発散度と吸収率との比は，物質に関係なく一定で，その値は黒体の完全放射発散度に等しい．また，分光放射発散度と分光吸収率との比についても同様である．

3.1.3 ルミネセンス

熱放射以外の発光を総称してルミネセンスという．**ルミネセンス**は，物体が光，放射，電子，電界などのエネルギーを吸収して，それが再び放射エネルギーを放射する現象である．ルミネセンスを生じさせるためには何らかの刺激を与える必要があり，電界によって励起するエレクトロルミネセンス，光によって励起するフォトルミネセンス，化学反応による化学ルミネセンス，放射線による放射線ルミネセンスなどがある．照明では気体放電を利用した放電ランプや半導体の荷電粒子の移動による発光を利用した固体発光素子の LED や EL はエレクトロルミネセンスであり，蛍光ランプなどにおける紫外放射による蛍光体の発光はフォトルミネセンスである．

3.1.4 放電の原理

原子は正電荷を有する原子核と，その周囲を回るいくつかの負電荷を有する電子からなっており，電子は原子核と静電引力（クーロン力）で結びついていて，原子全体では中性を保っている．気体放電とは，外部からの電気的なエネルギーによって，空間内の気体原子の一部が電子を失った正イオンと電子に解離した状態がある時間持続することで起きる．この解離を**電離**という．

気体原子のエネルギー遷移モデルをヤブロンスキー図（Jablonski diagram）として**図 3・3**に示す．気体放電の中では，外部からの電気的なエネルギーにより，加速された電子と原子やイオンとの衝突，あるいは，原子やイオンそれぞれの衝突によって，原子内部の電子が，より高いエネルギー状態である励起準位（excitation level）に移る．この状態を**励起状態**（excited state）と呼び，励起されていない状態を**基底状態**（ground state）と呼ぶ．電子はこの励起準位から一

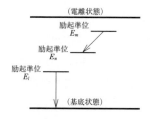

図 3・3　気体原子のエネルギー遷移モデル

定の確率でより低いエネルギー状態，すなわち低い励起準位または基底状態に遷移する．この確率を**遷移確率**（transition probability）といい，その逆数が励起準位にとどまる時間であり，10^{-8} s 程度である．電子が高い準位 E_m から低い準位 E_n に遷移する際に，そのエネルギー差に比例した振動数 ν の光（光電子）を放出する場合がある．この現象を**放射失活**（radiative deactivation）と呼び，電子が高い準位 E_m から低い準位 E_n に放射失活する際に放出されるエネルギーを式（3・5）で示す．

$$h\nu = E_m - E_n \tag{3・5}$$

3.2 固体光源

固体光源には，一般的に実用的なものとして LED と有機 EL およびレーザがあり，ここではこの 3 種類の光源について解説する．

3.2.1 LED（発光ダイオード）

LED（Light Emitting Diode）は電気エネルギーを直接光に変換する半導体で，小型で寿命が長く，低電圧駆動が可能，応答速度が速いなどの特徴を持っている．技術の進歩により，さまざまな発光色の LED が作られるようになり，発光効率も飛躍的に向上した．特に白色 LED の進歩は著しく，現在では白熱電球はもちろんのこと，蛍光ランプや HID ランプよりも高い効率が実現されている（**図3・4**）．

〔1〕 LED の種類と発光波長

図3・5 に LED の基本原理を示す．LED は p 型半導体と n 型半導体を接合した pn 接合ダイオードである．p 型半導体から n 型半導体の順方向に電圧を印加することで電流が流れ，接合部で正孔と電子が再結合して光が放射される．LED の発光波長は使用されている半導体が持つ禁制帯幅（ΔE_g：バンドギャップ）によって決定される．

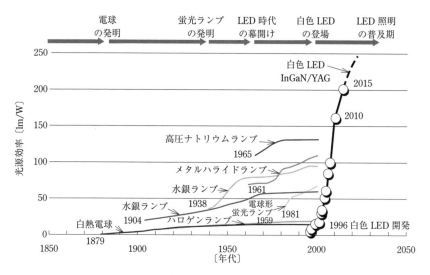

図 3・4　各種白色光源の効率と時代推移

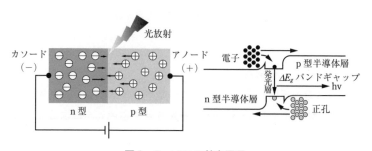

図 3・5　LED の基本原理

　半導体の材料としては直接遷移の III-V 族の化合物半導体が最も一般的で，**図 3・6** に示すとおり紫外，可視，赤外の各領域で実用的な LED が開発されている．詳しくは後述するが，LED からの光は基本的に単色放射であり，LED の用途は限定されていた．しかし，青色光を発光する青色 LED と，黄色く発光する蛍光体を組み合わせて白色光を発生させる方法が発明されたことにより，白色光源として照明，液晶ディスプレイ，車のヘッドライトなど幅広い用途で使われるようになった．

〔2〕**白色 LED の原理と方式**

　一般的に**白色 LED** というが，白色の光を固体素子から直接発光する LED は実用化されていない．白色 LED は**加法混色（光の三原色）**により白色の光を得

第 3 章　光　源

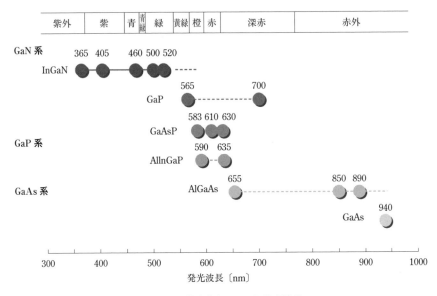

図 3・6　代表的な LED と発光波長

ている．加法混色とは例えば光の三原色の色光を適切に混光すると白色光やさまざまな色光が得られる仕組みである．

　図 3・7 の構造模式図（**図 3・10** はスペクトルイメージ）に示す方式は，それぞれ RGB に発光する LED を一緒に発光させて白色光を得ようという方式である．

　図 3・8 の構造模式図（**図 3・11** はスペクトルイメージ）に示す方式は，LED の近紫外光もしくは紫外光をそれぞれ RGB に発光する蛍光体に当てて，白色光を得る方法である．

　以上紹介した 2 方式は一般的ではない．現在最も採用されているのは，**図 3・9** の構造模式図（**図 3・12** はスペクトルイメージ）に示す方式で，LED の青色発光を黄色く発光する蛍光体に当てることで青色と黄色の混色で白色光を得る方式である．**GaN**（窒化ガリウム/ガリウムナイトライド：Gallium Nitride）チップから放射される青色光と青色光で励起された **YAG**（ヤグ：Yttrium Aluminum Garnet）蛍光体が発する黄色光が混色して人間の目には白色として見える．

　図 3・13 の光の三原色（加法混色）を示す図にその基本原理を示している．因みに黄色は赤色と緑色の混色で，疑似的に三原色を実現している．

42

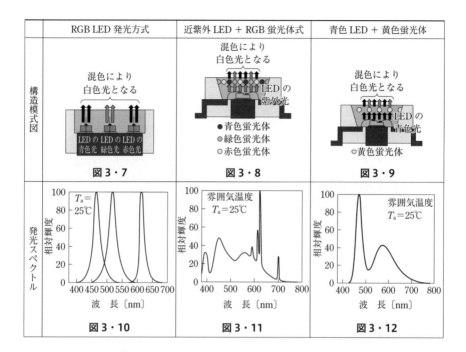

この方式は，構成要素が2つしかなくコスト的に有利である．青色は三原色の1つとして白色光の構成要素を兼ねながら，三原色の中では最も波長が短く蛍光体を刺激して光を取り出すのに効率がよい．また，黄色蛍光体は**視感度曲線**のピーク値に近い発光色を持ち，人が明るく感じ発光効率を稼ぐことができる．さらに，青色（LED）と黄色（蛍光体）からなる構成は，色のバラツキの調整がしやすく，**図3・14**に示すように色度図上の黒体軌跡上の対角位置にあり色のバラツキが目立ちにくいとされる．

〔3〕 **LED照明の特徴**

　LED照明は，従来光源に対し省エネ（高い発光効率），長寿命のほか，赤外放射・紫外放射をほとんど含まない，低温で発光効率が低下しない，環境に有害な物質を含まない，衝撃や振動に強い，調光・調色・点滅など制御が容易で関連するIT（Information Technology）技術との親和性が高いなどさまざまな特徴がある．また，LEDは発光部分が小さいため，発光部分の配置の自由度が高く，照明器具のコンパクト化も容易で，形状の多様化も可能である．したがって，さまざまな形状の照明器具の実現で従来光源では難しかった場所への取付けや，新し

第3章 光　源

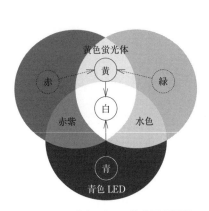

図3・13　白色LEDの基本原理解説
（光の三原色・加法混色）

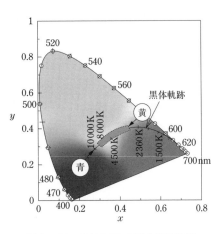

図3・14　白色LEDの基本原理解説
（色度図と黒体軌跡）

い照明手法も可能になる．特に，コンパクトなため空間への干渉も少なくなり，建築化照明でもさまざまな可能性を拡大している．

〔4〕　**白色 LED の構造と動作原理**

　用途に合わせてさまざまな構造のLEDチップおよびLEDパッケージが開発されている．なお，LEDパッケージとはLEDチップをケースに収め電極などをつけて基板などに実装できるようにしたものである．一般的な白色LEDの構造例を**図3・15**に示す．この図には，一般的に照明用で使われている**SMD**（Surface Mount Device/表面実装型）タイプのミドルパワーLEDとハイパワー

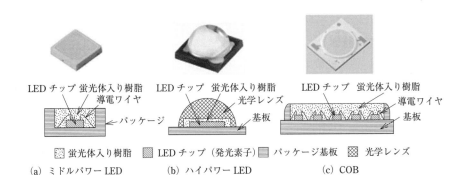

図3・15　代表的な白色LEDの構造例

LED，および照明器具として大光量を得る実装方式としてダウンライトやベースライトなどで採用されることの多い **COB**（Chip On Board）の例を示した．その他，COB基板に駆動回路を内蔵した **DOB**（Driver On Board）方式や，パッケージを極小化した **CSP**（Chip Size Package）と呼ばれる方式などもあり，多様化している．

　発光の元となるLEDチップの基本的な構造を**図3・16**に示す．1辺が0.2 mmから0.5 mm程度で，全体の厚みも0.1 mm程度である．図に示す例は汎用の中小型LEDで一般的に利用されているフェイスアップと呼ばれる方式で，サファイア基板が用いられその上に窒化ガリウム系の半導体が形成されている．上面に配置された電極から電気を流すとn型層とp型層の間の発光層で発光する．なお，それぞれの層の厚みは数μm程度である．**図3・17**では，LEDチップの内部での電子（－電荷）と正孔（＋電荷）の流れと発光の仕組みを模擬的に示す．なお，光の取出し効率を上げるために電極を裏返しにしたフリップチップと呼ばれる構造方式もある．

　SMDタイプのLEDパッケージの具体的な構造を説明する．**図3・18**はヒートシンク付き白色LEDパッケージの構造を示し，**図3・19**にはその構成部材を分解した図を示す．金属製電極を内蔵した，耐熱性プラスチック製の白いケースにLEDチップを実装して，チップとケースの電極をボンディングワイヤで接続

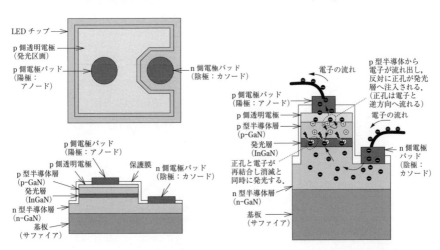

図3・16　LEDチップの構造例　　　図3・17　LEDチップの再結合模式図

45

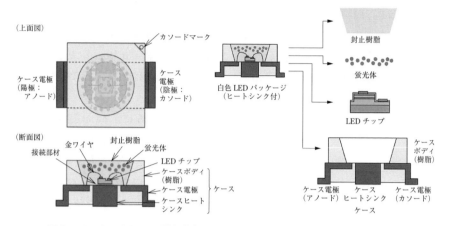

図 3・18 ヒートシンク付き白色LEDパッケージ

図 3・19 白色LEDパッケージの構成図

する．その後，蛍光体を練り込んだ封止樹脂をケースに充填して密閉させる．ケースは LED の光を外部に効率よく放射させるための反射板の役目も果たす．なお，ケースには耐熱性の高いセラミックを使用する場合もある．

〔5〕 **白色 LED の発光スペクトルと発光効率**

図 3・20 に白色 LED の代表的な例として YAG 蛍光体を用いた白色 LED の発光スペクトル（6 500 K）を示す．比較として紫外，青，緑，赤の単色 LED のスペクトルも重ねて示す．この図に示すように単色 LED の半値幅が 10～40 nm 程度と比較的狭いのに対し，白色 LED は青色 GaN チップのスペクトルに YAG 蛍

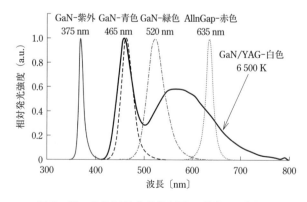

図 3・20 白色 LED と単色 LED の発光スペクトル

光体の 550 nm をピークとするブロードなスペクトルが足し合わされ可視域全体に広がったスペクトルとなっている．

白色 LED の一般的な発光効率は，相関色温度 5 000 K，平均演色評価数 R_a80 のチップベースにおいて 200 lm/W 程度である．

〔6〕 白色 LED の寿命について

LED の寿命は，JIS C 8105-3:2011 の中で LED モジュールの寿命として「LED モジュールが点灯しなくなるまでの総点灯時間または全光束が，点灯初期に測定した値の 70% に下がるまでの総点灯時間のいずれか短い時間」と定義されている．

〔7〕 電　源

LED は，従来の光源である白熱電球や蛍光ランプと比べて，非常に低い電圧と小さな電流で点灯する．また，高速に点滅させることが可能であるといった特徴がある．このほかに，LED には白熱電球のような抵抗成分が存在しないため，変動の大きい電圧を LED に直接印加した場合には，LED の定格電流値を超えて破壊に至るおそれがある．これを避けるために抵抗などを用いて外部で電流を制限するか，定電流で駆動させる必要がある．LED を点灯させるためには，これらの特性を把握し，安全で効率の高い点灯回路および点灯制御を実現することが重要である．

LED の基本点灯回路を図 3・21 に示す．LED 素子は一方向にのみ電流を流すことができる．直流電源のプラス側に抵抗器を介して LED の陽極（記号 A）を，マイナス側に LED の陰極（記号 K）を接続することで，LED に電流が流れ点灯する．逆向きに接続した場合は LED には電流は流れず，点灯しないだけでなく，LED に印加される電圧の大きさや，LED の種類によっては LED が破壊するこ

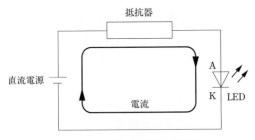

図 3・21　LED の基本点灯回路

とがある．このため LED は交流電源ではなく，直流電源で点灯させる必要があり，さらには破壊を防ぐため，電流や電圧を所定値以下に制御する点灯回路が必要となる．

〔8〕 LED ランプ

高効率，コンパクトな LED 光源は照明器具に直接光源として組み込まれるほかに，電球タイプ，直管形，HID ランプ形などがある．直管形は給電方式や電源の設置方法の違いによりさまざまな方式があるため，使用時は方式をしっかりと確認する必要がある．なお，特に種類の多い電球タイプについてその事例の一部を**図 3・22** に示す．

(a) 一般電球タイプ　(b) 小型電球タイプ　(c) クリア電球タイプ　(d) ボール電球タイプ

(e) レフ電球タイプ　(f) T 型タイプ　(g) ハロゲン電球タイプ

図 3・22　各種電球タイプの例
(パナソニック株式会社)

3.2.2　OLED（有機 EL）

図 3・23 に示すように，有機化合物に注入された電子と正孔（ホール）の再結合によって生じた励起子によって発光する発光体である．したがって，発光原理は，LED と同様であるため，最近では **OLED**（Organic Light Emitting Diode）と呼ばれる．

有機 EL では，蛍光発光と燐光発光（蛍光発光と異なり刺激を取り除いても一定時間発光が継続される発光現象）が利用される．理論上，燐光発光の発光効率は，蛍光発光の 3 倍とされている．よって，燐光発光を利用するほうが，発光効

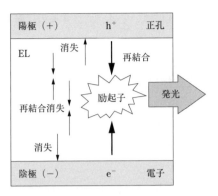

図 3・23　有機 EL の発光原理

率が高くなる．当初は，蛍光発光材料から開発されていたが，燐光発光材料の研究が進み，発光効率で 139 lm/W の白色発光も報告されている．また，有機 EL は，発光材料に低分子材料を用いた低分子型と高分子材料を用いた高分子型に大別される．低分子型は，真空蒸着法などディスプレイ製品に用いられている製造法で，技術的には先行している．

　高分子型は，塗布式の製造法が検討されており，大面積の有機 EL を製造するのに有利である．

　有機 EL の特徴としては，①平面，薄型，②拡散光，③低電圧駆動，④低環境負荷（水銀フリー）であることがあげられる．以下にその詳細を示す．

〔1〕形　状

　数百 nm の有機層を積層した構造で，ガラスなどの透明体上に作られる．なお，有機 EL 材料は，酸素や水分が劣化の原因となるため，保護用のガラスなどで挟み直接外気に触れない形状を取るか，固形物で直接覆い気密を保つ（固体封止）形状を取る．そのため，全体の厚さは，数 mm となる．また，ガラス以外にもプラスチックフィルムを用い，フレキシブル光源としての開発も行われている．

〔2〕発　光

　LED が点光源であることを利点としたスポットライトなどの指向性の照明器具に応用されているのに対し，有機 EL はベースライト，シーリングライトのような拡散光を利用する照明器具としての利用が考えられる．グレア（眩しさ）については，拡散光源であるので，輝度の高い点光源よりも低減される．演色性については，発光材料の組合せで，高いものが実現可能である．ただし，他の光源

と同様に発光効率と高演色性については，両立するのは難しい．配光曲線は，均等拡散面として考える．

〔3〕 駆動方法

数 V の低電圧を陽極と陰極にかけて発光させる．そのため，点灯回路としては，直流電源や電池などが用いられる．また，入力電流を変えることで，0〜100％ の調光制御が可能である．その他，専用の回路を用いて，R，G，B 色発光を組み合わせればディスプレイのような調色や色温度制御も可能である．

〔4〕 環境負荷物質

有機 EL は，水銀など現時点で規制されている有害物質は使用されていない．また，紫外放射や赤外放射もなく，これらの光線を除外するためのフィルタなどの必要はない．以上のような特徴があるが，課題として，寿命（経時劣化）がある．有機 EL の寿命は，ディスプレイのように数百 cd/m^2 で点灯すると，初期の輝度から輝度が半減するまでの半減寿命が数万〜数十万時間である．主照明に用いるような数千 cd/m^2 で点灯すると数万時間である．よって，寿命と発光面積（大型化），光量は，相反している．このように有機 EL は照明用光源としてはまだ克服すべき点もあるが，従来光源とは異なる拡散光源として期待される．

3.2.3 レーザ

レーザ（LASER：Light Amplification by Stimulated-Emission of Radiation）は，原子または分子による放射の誘導放出を利用した光増幅または発光装置をいう．レーザの原理は，レーザ材料にエネルギーを与えて励起した高エネルギー準位にある原子の密度が，低エネルギー準位にある原子の密度より大きい状態（反転分布）にする．高エネルギー準位にある励起原子が低エネルギー準位に転移するとき，放射の誘導放出が起こる．これが光の吸収より大きければ，時間的・空間的に位相の合ったコヒーレントな光に増幅や発光させることができる．

反転分布の状態を継続させるためにレーザ材料を励起することを**ポンピング**という．ポンピング用励起源として，光（キセノンランプ，クリプトン放電ランプなど），電子ビーム，放電（プラズマ），化学反応，注入電流などが用いられる．**図 3・24** にレーザの基本構造模式図を示す．

光共振器は，レーザ材料で増幅された光ビームを正帰還してレーザ発光を持続させるために，出力側の反射鏡はハーフミラー，その反対側は全反射となった一

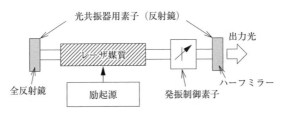

図 3・24　レーザの基本構造模式図

対の反射鏡が用いられる．発振制御素子は発光波長や出力波形などを制御する．レーザは，連続したコヒーレントな光で，干渉性がよく，周波数の変動幅が小さく，単色性，指向性，エネルギー密度などに優れている．レーザ光の波長は，100 mm 付近の真空紫外から，紫外，可視，赤外，遠赤外，さらにミリ波に及ぶ．

3.3　その他の照明用従来光源

　地球温暖化対策の一助として省エネを推進するためには，発光効率〔lm/W〕の高い光源を用いなければならない．熱放射や放電現象を利用した従来光源の発光効率は，LED 素子が白色で達成している 200 lm/W に遠く及ばないため，一般照明用としては利用価値が失われた．また放電ランプの多くは発光材料または放電状態の調整用に水銀蒸気が使用されている．有害物である水銀を使用したランプは水俣条約の規制により，ランプの種類ごとに廃止期限が設定されている[8]．

　このような状況下で新たに販売される照明器具の LED 化率は既に 99％ を超えているが[9]，従来光源を使用した照明器具は寿命となるまで世の中に存在するためメンテナンス需要が残っている．従来光源の歴史的な技術変遷から学び得ることは多く，同時に改めて LED の優位性・利便性の理解が増すであろう．

3.3.1 白熱電球

〔1〕 一般照明用白熱電球

一般照明用白熱電球（以後，電球）の構造の一例を図3・25に示す．フィラメントに電流を流し2600℃程度の高温に加熱して，その熱放射を利用した光源である．口金に取り付けたガラス球内にステムに封着された導入線とアンカで支持されたフィラメントが不活性ガスとともに封入されている．

図3・25　一般照明用白熱電球の構造

ガラス球は一般に軟質のソーダ石灰ガラスが使用され，高出力の電球や屋外用の電球では耐熱性の高い硬質の硼珪酸ガラスも使用される．ガラス球には無色透明なもの，白色塗装をしたもの，反射鏡を付けたもの，着色を施したものなどがある．一般には白色塗装したものが多く使われ，40～100 W形（全光束485～1520 lm）のガラス球径はϕ55～60 mmで，ガラス内に屈折率の大きいシリカ（SiO_2）などの白色粉末を塗布して光を拡散させて輝度を下げている．

口金はソケット（受金）に挿入されて電球を直接電源に接続する端子部である．**導入線**のうち，ステムガラスの封じ部の封着線はジュメット線（鉄ニッケル合金線に銅被覆）を用いて気密を保持し，外部導入線のうち1本は，フィラメント焼断時に起きるアーク放電による過電流を防止するため，コンスタンタンなどのヒューズ線を用いる場合が多い．

フィラメントは高温になるので，高融点で蒸気圧が低く，しかも適当な電気抵抗値を有し，可視域での分光放射率が高く，線引き加工ができ，機械的強度が大きいことが要求される．その材料として，初期には炭素（竹の繊維を炭化するなどによる）が使用されたが，タングステンに置き換わった．フィラメントは単コ

イルか二重コイル，または極まれに三重コイルが用いられる．フィラメントの温度を高くすると，電球の効率［lm/W］は高くなるが，タングステンの蒸発速度が速くなって寿命が短くなるので，蒸発抑制のために不活性ガスを封入する．窒素（N_2），希ガス（アルゴン（Ar）やクリプトン（Kr））の混合ガスが一般に使用される．電球点灯中の安全性を確保するため，点灯時の内圧は 10^5 Pa（1気圧）付近で動作させる．

〔2〕 **ハロゲン電球**

　ハロゲン電球の構造は片口金形と両口金形に大別され，電球のガラス管表面に赤外反射膜を付けたものと付けていないものがある．その構造を**図 3・26** に示す．電球のガラス管材料は高耐熱性の石英ガラスが使用される．フィラメントはコイル状のタングステンである．不活性ガスとともに微量のヨウ素（I），臭素（Br）などのハロゲン物質が封入されているが，臭素系の炭化臭素化合物，臭化水素が使われることが多い．実際には，不純物として微量の酸素も存在する．

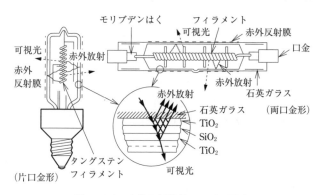

図 3・26　赤外反射膜付ハロゲン電球

　点灯中，フィラメントから蒸発するタングステンはハロゲンや酸素と結合して多数のタングステン化合物となり，熱化学平衡状態にある．特に，約 500℃ に達するガラス管内表面近くでは，タングステンのハロゲン酸化合物（WO_2X_2）が安定な気体のままで存在する．よって，タングステンは，管壁に付着せずにタングステン化合物のまま拡散または対流作用によって再びフィラメント付近に移動してくる．そこでフィラメントの高温度によってタングステンとハロゲンとに解離して，タングステンはフィラメントに付着する．この循環作用を**ハロゲンサイクル**と呼ぶ．そのモデルを**図 3・27** に示す．

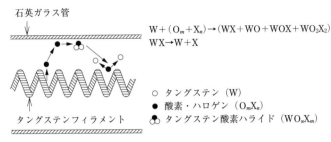

図 3・27　ハロゲンサイクルのモデル

　ハロゲン電球ではタングステンのガラス管への付着による黒化が効果的に防止され，またフィラメントの断線が起きにくくなるので寿命を伸ばすことができる．寿命を一般照明用白熱電球と同じとすれば，フィラメント温度を高くでき，効率は 20% 程度向上させることができ，また，効率を同程度とすれば寿命を約 2 倍にすることができる．

　石英ガラスと導入線の気密には，20〜30 μm の厚さで断面のエッジが剃刀の刃のように成形されたモリブデン箔を石英ガラスと溶封着するピンチシールが用いられる．微量に含まれるハロゲン化合物と不活性ガスは $1 \times 10^5 \sim 4 \times 10^5$ Pa の高圧で封入され，点灯中の圧力はこの 1.3〜7.0 倍となる．

　石英ガラス外面に形成する耐熱性の透光性赤外反射膜として，屈折率の大きい酸化チタン（TiO_2）と屈折率の小さい二酸化ケイ素（SiO_2）との**多層干渉膜**が用いられる．赤外反射膜はフィラメントから放射される可視光を透過して，入力の 70% 以上を占める赤外放射を反射して，フィラメントの加熱に再利用する．これにより，発光効率〔lm/W〕を向上させて，外部への放射熱の約 40% を低減させる．

　また，ハロゲン電球の放射には若干の近紫外放射が含まれており，それを遮蔽する効果も併せて持つ[*1]．

〔3〕　反射鏡付ハロゲン電球（ローボルト形，ラインボルト形）

　図 3・28 に示すようにハロゲン電球に**ダイクロイック反射鏡**を装着した電球があり，定格電圧によりローボルト形（12 V）とラインボルト形（110 V）に分けられる．

[*1] 一般照明用白熱電球の軟質ガラス，あるいは硬質ガラスは紫外領域の透過量は無視できるが，石英ガラスは紫外領域まで透過する．

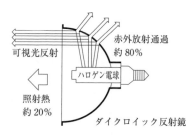

図 3・28　ダイクロイック反射鏡付ハロゲン電球の構成

　ダイクロイック反射鏡は硬質ガラスの基材にフッ化マグネシウム（MgF_2）と硫化亜鉛（ZnS）あるいは二酸化ケイ素（SiO_2）と硫化亜鉛で交互に積層した多層干渉薄を形成している．この干渉膜は赤外領域を透過させ，可視光を反射させる特性を持ち，照射物への放射熱を 80% 以上低減する．発光部分が小さいローボルト形ハロゲン電球（JR 形）は，シャープな配光が得られるので，店舗照明のスポット照明に適する．ラインボルト形ハロゲン電球（JDR 形）は，フィラメントの発光長が長いためにワイドな配光になる．

〔4〕　**白熱電球の諸特性**

　一般照明用白熱電球 100 W 形（二重コイル）の例で，入力に対する可視放射は 10%，熱損失となる赤外放射 72%，その他はガラスや口金での吸収，封入ガスや端子などによる消費で，発光効率は 15 lm/W 程度である．**分光分布を図 3・29**に示す．

　一般照明用白熱電球の電気特性の一例を**図 3・30** に示す．電源電圧の変動による諸特性の変化は大きく，例えば供給電圧が定格電圧より 5% 高いと，光束は 20% 増加するが，逆に寿命は 1/2 と半減する．一般照明用白熱電球の寿命は 1 000～3 000 時間，ハロゲン電球の寿命は 2 000～4 000 時間に設計されるものが多い．

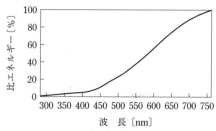

図 3・29　一般照明用白熱電球の分光分布

第3章 光源

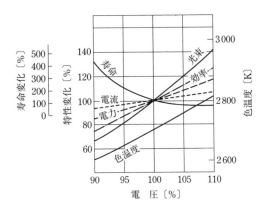

図3・30　一般照明用白熱電球40形の電圧特性

3.3.2　蛍光ランプ

〔1〕　発光原理と構造

　低圧水銀蒸気放電ランプの一種である蛍光ランプは放電により発生する水銀の253.7 nm の紫外放射を利用し，ガラス管内壁に塗布された蛍光体を励起して可視光に変換（フォトルミネセンス）するものである．**図3・31**の蛍光ランプの構造に示すように，ガラス管の両端にタングステン二重コイルまたは三重コイルの電極が設置され，そこにアルカリ土類金属（Ba，Ca，Sr）の酸化物と耐熱材料の酸化ジルコニウム（ZrO_2）などを混合した電子放射物質が塗布されている．通常，ランプの始動時には電極に流れる電流のジュール加熱によって熱電子放射をする．その電子が電界によって加速され水銀原子と衝突し，励起や電離が起こって放電を開始する．両端の電極間は交流電圧が印加されるために，各電極は交

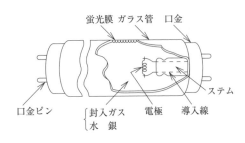

図3・31　蛍光ランプの構造

流の半サイクルごとに陰極（カソード）と陽極（アノード）が入れ替わる．電極の陰極動作時には電子放出が集中する輝点が形成され放電が安定する．電子放射物質が消耗し尽くされたときをランプの**陰極寿命**という．

ガラス管は軟質のソーダ石灰ガラスなどが用いられ，ガラス管内には通常，常温圧力で数百 Pa のアルゴン（Ar）や混合希ガスと少量の水銀が封入されている．希ガスの封入量（圧力）は陰極寿命やランプ効率にも関係する．水銀の蒸気圧は波長 253.7 nm の放射強度が最大になるように，0.7～1.3 Pa とし，余剰の液体水銀が保持される管壁の最冷部温度は 40℃ 付近にする．管壁動作温度が高温になるコンパクト形や電球形蛍光ランプは最適水銀蒸気圧（約 1 Pa）に制御するためにインジウム（In）やビスマス（Bi）などとの**アマルガム**（水銀との合金）が使用される．

蛍光ランプは管内壁に塗布する蛍光体の種類やその組合せによってさまざまな光源色を得ることができる．**表 3・1** に主な蛍光体とその特性を示す．白色のハロりん酸カルシウム蛍光体は単独で，赤，緑，青色の希土類蛍光体は混合することで白色が得られる．ガラス管内壁に形成された蛍光膜の厚みはおよそ数十 μm である．寿命中に水銀がガラスと反応してガラスの透過率を下げたり，水銀が消耗されたりすることを防止する目的で，蛍光膜とガラス管の間に 1 μm 程度の厚みのアルミナ（Al_2O_3）やシリカ（SiO_2）などの酸化膜を塗布することもある．これは**保護膜**と呼ばれ，蛍光ランプの細管化・高出力化には必須の構成要素である．

表 3・1 蛍光ランプ用蛍光体

蛍光体の種類		概略化学式	発光色	主ピーク波長 [nm]
ハロりん酸カルシウム		$3Ca_3(PO_4)_2CaFCl : Sb,\ Mn$	白色	580
希土類 蛍光体	YOX	$Y_2O_3 : Eu^{3+}$	赤色	611
	LAP	$LaPO_4 : Ce^{3+},\ Tb^{3+}$	緑色	543
	BAM	$BaMgAl_{10}O_{17} : Eu^{2+}$	青色	450
	SCA	$(Sr,\ Ca)_{10}\ (PO_4)_6Cl_2 : Eu^{2+}$	青色	452

〔2〕 点灯方式による分類

蛍光ランプの放電は負の電圧-電流特性を持つので，定格状態で動作させるためには安定器を必要とする．**図 3・32** に 2 種類の基本的な点灯方式を示す．

スタータ（始動器）形蛍光ランプ（FL，FCL）は電極を十分に予熱してから放電を行わせるもので，グロースタータ（点灯管）方式，および電子スタータ方

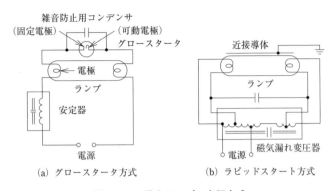

図 3・32　蛍光ランプの点灯方式

式がある．図 3・32 (a) のグロースタータ方式は電源スイッチを入れると，グロースタータ内部で放電が発生し，その加熱により熱応動（バイメタル）電極が固定電極に接触し放電が停止する．グロースタータが短絡すると，両電極に電流が流れて加熱され，熱電子が放射される．次に，放電停止によって熱応動電極の温度が下がり，固定電極から離反した瞬間に，安定器のコイルで誘起された高電圧（キック電圧）がランプ両端の電極に印加される．このような動作を数秒間に何回か繰り返してランプは始動する．ランプが点灯すると，ランプ電圧は電源電圧の概ね 55% 以下となっており，グロースタータの放電は発生しない．この動作を最適化して電子回路で構成したものが**電子スタータ方式**であり，通常 1 秒以内でランプは始動する．

　ラピッドスタート形蛍光ランプ（FLR）は，電極構造の工夫と始動補助装置によって放電開始電圧を低下させている．電極は急速に予熱できる構造になっており，ランプには内面導電被膜，または外面シリコーン塗布がなされている．電源を入れると，電極が加熱され，両電極間に約 230 V 程度の誘起電圧が印加されるのと同時に，一方の電極と始動補助装置を介して他方の電極に微小な電流が流れる．この作用によって，放電空間のガスの電離を高めて始動させた後に，両電極間の放電が形成される．点灯回路を図 3・32 (b) に示す．

　高周波点灯専用蛍光ランプ（FHF）は，40～80 kHz の高周波専用で点灯するランプで，効率が最も高く，ちらつきが少ない特徴がある．その一例を**表 3・3**に示すが，1 つの形式で定格出力と高出力の特性が規定化されており，蛍光ランプの中で最も発光効率が高い 110 lm/W が達成されている．

3.3 その他の照明用従来光源

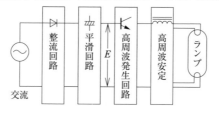

図 3・33 電子式安定器（インバータ）の基本原理

表 3・2 ラピッドスタート形蛍光ランプの種類

始動方式	方式の記号	構造略図	構造内容
内面導電被膜方式	/M (MX)	透明導電被膜	ガラス管内面に透明な導電性膜を塗布する．器具には始動補助装置は必要としない
外面シリコーン方式	/A	近接導体または密着導体／シリコーン被膜	ガラス外面には撥水処理（シリコーン塗布）を施す．ランプは器具に近接または密着導体を必要とする

表 3・3 高周波点灯専用蛍光ランプの特性

品番		定格ランプ電力 [W]	ランプ電流 [A]	全光束 [lm]	定格寿命 [h]
FHF32EX-N	定格出力	32	0.255	3 520	12 000
	高出力	45	0.425	4 950	

　高周波を実現する電子式安定器（インバータ）の基本原理を**図 3・33**に示す．省エネ効果とともに，電子回路化によって小形軽量化が達成できる．

〔3〕 **形状による分類**

　直管蛍光ランプ，**環形蛍光ランプ**の種類を**図 3・34**に，**コンパクト形蛍光ランプ**の種類を**図 3・35**に示す．商用周波点灯するものと高周波点灯するものがある．

　電球形蛍光ランプは発光管，始動兼点灯制御用の高周波点灯用の電子回路および電球口金（E17 または E26）が一体化されたランプで，電球のソケットにそのまま挿入して使用できる．電球形 LED ランプが製品化されるまでは，発光効率が低い白熱電球の省エネ代替光源の役割を担っていた．形状は**図 3・36**に示す

59

第3章 光　源

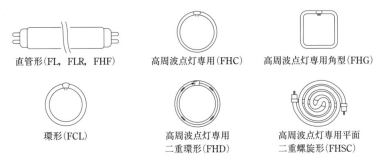

図3・34　直管および環形蛍光ランプの形状

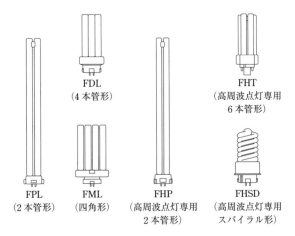

図3・35　コンパクト形蛍光ランプの形状

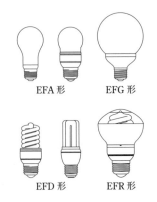

図3・36　電球形蛍光ランプの形状

ように，発光管が露出したものと，光を拡散させる乳白色の外球を有するものがある．

〔4〕 **光源色および演色性による分類**

蛍光ランプは蛍光体を選択することによって，さまざまな分光分布を持ったランプを作ることができ，相関色温度や演色評価数を変更することができる．光源色の区分は，約6 500 Kの昼光色（D），約5 000 Kの昼白色（N），約4 200 Kの白色（W），約3 500 Kの温白色（WW）および約2 800 Kの電球色（L）に分類されている．

ハロりん酸カルシウムの蛍光体で普及してきた蛍光ランプは照明された物体色の見え方をよくするために，赤，緑，青などに発光色を持つ蛍光体を付加混合することにより，演色性の高いランプになり，演色性のよい順に，AAA，AA，A

表3・4 演色性と分光分布による分類

分 類	記号	平均演色評価数（R_a）	分光分布（昼白色）
一般形蛍光ランプ（ハロりん酸カルシウム）	D	74	
	N	70	
	W	61	
	WW	60	
3波長形蛍光ランプ	EX-D	84～88	
	EX-N	84～88	
	EX-W	84～88	
	EX-WW	84	
	EX-L	84	
高演色形蛍光ランプ（AAA）	D-EDL	98	
	N-EDL	99	
	L-EDL	95	
高演色形蛍光ランプ（AA）	N-SDL	90	
	L-SDL	90	

第 3 章　光　源

に区分され，これらのランプの効率は普通形より 20～30% 低い．3 波長域発光（略して 3 波長）形蛍光ランプ（EX）は狭帯域発光を持つ，赤，緑，青色の蛍光体を組み合わせて，演色性，効率ともに優れる．演色性と分光分布を**表 3・4** に示す．

〔5〕　蛍光ランプの諸特性

40 W 形白色蛍光ランプのエネルギー配分は，可視放射が 25%，紫外放射は 0.5% 以下で，残りのエネルギーは放電部および電極部における熱損失となる．なお，蛍光ランプから放出される紫外放射は 253.7 nm ではなく 365 nm などガラス管を透過できる 300 nm 以上のものに限る．わずかな成分ではあるが紫外放射を遮断するためにガラス管に紫外線吸収膜を施すこともある．

蛍光ランプの特性は水銀蒸気圧によって左右されるため，周囲温度の影響を受ける．また始動電圧を低下させるための，いわゆるペニング効果[*1] も温度に依存する．一般照明用蛍光ランプでは，周囲温度 5～40℃ での使用設計になっている．

蛍光ランプは点灯開始後，ランプの温度が上昇し同時に水銀蒸気圧も上昇することで所望の特性が得られる．したがって，光束立ち上がり特性は低温環境下で遅くなり，アマルガム（水銀との合金）を使用するコンパクト形蛍光ランプや電球形蛍光ランプでは，一般的に光束立ち上がり特性がさらに遅くなる．

蛍光ランプの**寿命**の定義は，光束維持率が 70%（高演色形，コンパクト形および電球形は 60%）に低下するまでの時間か，ランプが点灯しなくなるまでの時間の，いずれか短いほうと決められている．蛍光ランプの寿命は概ね 6 000～12 000 時間のものが多く，中には 20 000 時間の長寿命なものもある．

3.3.3　HID ランプ

HID（High Intensity Discharge）ランプは，高圧水銀ランプ，メタルハライドランプおよび高圧ナトリウムランプの総称であり，**高輝度放電ランプ**とも呼ばれる．HID ランプは発光長当たりの光束が大きく，大電力化が可能で，小形・高出力・高効率・長寿命の特徴がある．

[*1]　水銀蒸気がイオン化する電離電圧より少し高い値の準安定励起準位を持つアルゴンガスが混合されていると，水銀蒸気単独の状態よりも低い電圧で放電が起きる．これがペニング効果である．蛍光ランプの場合，アルゴンガスに対して水銀蒸気は少量であるが，都合よくペニング効果を得やすい比率になっている．

62

〔1〕 高圧水銀ランプ

　高圧水銀ランプは省略して単に水銀ランプとも呼ばれ，100～1 000 kPa の水銀蒸気圧中の放電による放射を利用したものである．水銀蒸気圧の上昇とともに紫外放射のスペクトルが減少し，より長波長側の可視光の輝線スペクトル，404.7，435.8，546.1，577～579.1 nm の放射光を利用する．さらに，主に 365 nm の紫外放射が外管の内面に塗布されたユーロピウム付活燐バナジン酸イットリウム（Y(PV)O$_4$：Eu）蛍光体を励起して 620 nm 付近を中心とした帯域に発光させる．このように，高圧水銀蒸気圧から放射される青白い光の放射にこの蛍光体からの赤色光の放射が混色され，演色性の改善と効率の改善がなされる（平均演色評価数 R_a：40，効率：50～60 lm/W，相関色温度 T_c：3 900 K）．透明形水銀ランプは蛍光形水銀ランプに比べて，平均演色評価数と効率が低いために，特殊用途以外，一般照明には使用されない．図 3・37 に分光分布を，図 3・38 に構造を示す．発光管（内管）は透明石英ガラスが使用され，その管内には 1～3 kPa のアルゴンガスと点灯中の発光管の温度ですべてが気体となる，すなわち不飽和蒸気圧の状態になる量の水銀が封入されている．発光管の両端に保持される主電極はタングステンロッドにコイル状のタングステン線を挿入して，そのコイルの空隙にアルカリ土類金属酸化物，あるいはそれらのタングステン酸塩やイットリウム酸塩などを混合した電子放射物質を充填したものからなる．一方の端部には始動補助電極が配置されて，その回路は 30 kΩ 程度の始動抵抗を介して他方の端部にある主電極に接続される．ランプに電圧が印加されると，その補助電極と隣の

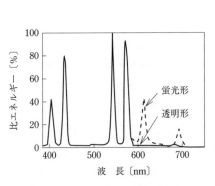

図 3・37　高圧水銀ランプの分光分布

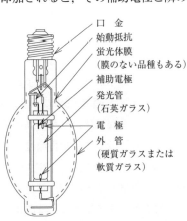

図 3・38　高圧水銀ランプの構造

主電極間でグロー放電が起こり，そこで電離した気体が主電極間に移動して主電極間のアーク放電へと移行する．発光管の内部と外管の気密を取るのにはハロゲン電球と同様に，30 μm 程度のモリブデン箔を石英ガラス管が軟化するまで加熱（〜2 300℃）した状態でプレスする溶融圧着によって，ピンチシールを形成する．

外管は 40 W のみ軟質ガラスが使用され，それより電力の大きいものには耐熱性の硬質ガラスが使用される．外管内に数万 Pa 程度の窒素ガスが封入される．窒素ガスの対流を利用して，動作中の水銀が液化しないように，発光管の表面温度を数百℃ に保持させる．また窒素ガスは外管内の金属材料の酸化を防ぐ．

高圧水銀ランプは HID ランプを理解する上で最も基本的な光源であり，40〜2 000 W のものが製品化されたが，発光効率が低く LED などの代替光源があるため，水俣条約によって 2020 年を期限に製造・輸出入が禁止されている[8]．

〔2〕 メタルハライドランプ

メタルハライドランプの発光管は，石英ガラスとセラミックの 2 種類がある．

(a) 石英ガラス発光管形の原理と構造　発光管の素材は水銀ランプと同様の透明石英ガラスであるが，特に水分の含有の少ないものを使用する．これは赤外領域の波長 2.7 μm の−OH 基の透過吸収量で特定される．この発光管内に発光物質として，ハロゲン化金属（主にヨウ化金属），始動ガスとして希ガス（主にアルゴン）と電気特性と最適温度のアーク放電を維持するための緩衝ガスとして水銀が封入される．

アルゴンガスは水銀ランプ同様に始動ガスとして働き，ランプが点灯すると水銀が蒸発して水銀発光が現れる．発光管の温度がさらに上昇するとハロゲン化金属が蒸発し，高温ガス中で金属原子とハロゲン原子に解離する．金属原子が励起されて発光するようになると，水銀の発光は抑制される．発光管の管壁付近に移動した金属原子はハロゲン原子と再結合してハロゲン化金属に戻る．

このモデルを**図 3・39**に示す．ハロゲン化金属を封入するのは，温度に対する蒸気圧が金属単体より数桁高いことによる．またハロゲン化金属が封入されることにより，ランプの動作温度において，金属単体より石英ガラスとの化学反応が低減される．発光管の構造は管径・管長・電極の寸法を除いて図 3・38 の水銀ランプと同じであるが，石英ガラスの素材の違いのほかに，電極は，そのロッドに純タングステンあるいは酸化セリウム入タングステンなどを用いて，純タングステンのコイルをはめ込む．電子放射物質として，水銀ランプ，あるいは高圧

3.3 その他の照明用従来光源

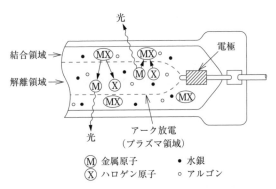

図3・39 メタルハライドランプの発光原理

ナトリウムランプに使用される電子放射能力の高いアルカリ土類酸化物系の材料は，ハロゲン化金属との化学反応が激しいために使用できない．そのために，封入するハロゲン化金属と同じ金属の酸化物，例えば酸化スカンジウム（Sc_2O_3）などの希土類酸化物をコイルの間隙部分に充填させるものがある．**図3・40**に示すように，発光管の外面の一方の端部，あるいは両端部に熱線反射をさせる酸化ジルコニウム（ZrO_2）などからなる**保温膜**が付けられる．ここは，ランプの動作中の最冷温度になる部分でここに滞留する液状のハロゲン化金属の温度を高めて，蒸気圧を上げるためである．ランプの点灯方向を口金上方または下方に指定するランプは片側端部に，点灯方向の指定のないランプ，あるいは水平点灯指定のランプには両端部に保温膜が付けられる．

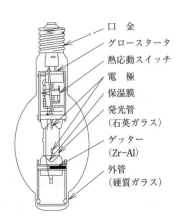

図3・40 メタルハライドランプの構造

65

第3章 光　源

　一般的には水銀ランプの発光管同様に，一方の電極封着端部に始動補助電極が付けられる．点灯中，主電極と始動補助電極との間の電位差によってハロゲン化物質が**電解作用**を生じ，封止部が腐食して破損するのを防止するために，点灯中に始動補助電極を回路から切り離すための**熱応動スイッチ**（バイメタル片）を外管内に設置する．水銀ランプあるいは高圧ナトリウムランプにおいては，電極に使用されるアルカリ土類酸化物系の電子放射物質が点灯中に飛散して，発光管内の残留水分を吸着するゲッター作用があるが，メタルハライド発光管にはその作用がない．したがって，その残留水分（H_2O）が放電空間で，H^+ と O^{2-} に解離して O^{2-} はタングステン W と反応して W_xO_y となって蒸発飛散して管壁に付着する．W_xO_y は解離した H^+ と反応して，W と H_2O が発生する．これを**ウォータサイクル**と呼ぶ．このタングステン W は管壁の黒化の原因となり光束低下や，それによる温度上昇で各ハロゲン化物の蒸気圧のバランスが崩れて光源色の変化や演色性の低下を生じて，最後には発光管の破損に至る場合もある．また，発光管内の水素は放電を阻害して始動不良や，始動時間中に立ち消えを起こす．

　水素の原子半径が小さいために，点灯中の温度において石英ガラス管壁を透過する作用がある．したがって，この水素を吸着させるために，外管内の吸着に最適な温度となる場所に**ジルコニウム・アルミニウム（Zr-Al）合金ゲッター**を設置する．このゲッターは外管内の残留水分が分解された水素・酸素も吸着する．

　外管には数万 Pa 程度の窒素ガスが封入される．また，内部のリード線を細くして，かつ発光管からできるだけ離間させる．そのために発光管を支える保持機構は図3・40 に示すように両端部に分かれるセパレートマウント構造を取る．これは発光管からの紫外放射を起因とする，光電効果による光電子の発生を抑制させる．この光電子 e（−）は発光管の外壁に付着して，管内の金属イオン（＋）を吸い寄せる．特に**表3・5** に示す石英ガラス形ランプの発光物質の Na を組み合わせるランプにおいて，ナトリウムの原子半径が小さいために石英ガラス管壁を透過しやすい．これを**ナトリウムロス**と呼ぶ．

　寿命末期になると発光管が黒化を生じて，放電の陽光柱が湾曲して石英管に接近することが起こるようになる．また，一方の電極の損耗が大きくなり，交流電流のバランスが崩れ，いわゆる整流現象による過電流が流れることがある．これらの現象により，発光管が破損する場合があるため，外管に**テフロン保護膜**を設けて万一の外管ガラス飛散防止に備えをしたものもある．

3.3　その他の照明用従来光源

表 3・5　発光物質の組合せと光学特性

発光物質	効率〔lm/W〕	色温度〔K〕	平均演色評価数 R_a	分光分布
Na-Tl-In 系（石英ガラス形）	75〜80	5 000〜5 800	65〜70	
Sc-Na 系（石英ガラス形）	90〜100	3 800〜4 000	65〜70	
Dy-Tl-In 系（石英ガラス形）	75〜80	4 500〜6 500	85〜90	
Dy-Tl-Cs 系（石英ガラス形）	75〜80	4 500〜5 000	95	
Dy-Ho-Tl-Na 系（セラミック形）	90〜100	4 100	90〜	
Dy-Tm-Tl-Na 系（セラミック形）	100〜115	4 100	80〜85	
Tm-Ce-Tl-Na 系（セラミック形）	110〜125	4 100	75〜80	

67

(b) セラミック発光管形の原理と構造　セラミックメタルハライドランプの構造を図3・41に示す．発光管の封体の材料は**透光性多結晶アルミナ**（translucent poly crystalline alumina：PCA）からなる．これは石英ガラスに比べて耐熱性が高く，発光管の管壁温度を高くできるので，石英ガラスの発光管よりコンパクトにして管壁負荷を高めに設定できる．そのため，封入されている希土類ハロゲン化物の蒸気圧を高くすることで，高演色・高効率のランプになる．しかしながら，多結晶アルミナでは石英ガラスのような加熱によるピンチシール加工ができないため，電極近傍の通電部分はガラスフリットシールで気密性をとる．この通電部分は**ニオブ（Nb）ロッド**または**サーメットロッド**からなり，封着剤には耐ハロゲン性フリット材を使用する．その上で，溶融するハロゲン化物との接触部分を減らす構造にして，ランプの動作中の反応が進まない温度領域で封着する．外管内は発光管温度を高温に保持するため主に**真空**であり，さらに外管内の材料から動作中に発生するガスを吸着するために**ジルコニウム・アルミニウム（Zr-Al）ゲッター**を設置する．ランプを始動させるための高電圧パルスの耐パルス電圧を考慮したセラミック製の片口金（G12）が用いられる．70 W 以下の外管には石英ガラスが使用される．対応する照明器具の前面にランプが破損したときに破片が飛び散らないような**プロテクタ**（前面ガラス）を必要とする．この前面ガラスの必要のないランプもあり，発光管と外管の間にスリーブ状の**シュラウド**を設けて飛散防止をする．外管は硬質ガラスが使用される．さらに誤使用を

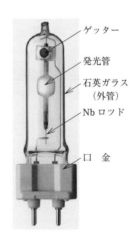

図3・41　セラミックメタルハライドランプの構造

避けるために，口金に EU10 を規格化している．

（c）　発光物質の組合せによる光学特性　　表 3・5 に石英ガラス形ランプとセラミック形ランプにおける，発光物質の組合せによる光学特性を順に示す．

　最初に開発された Na-Tl-In 系は Na（589 nm，橙），Tl（535 nm，緑），In（411 nm，451 nm，青）の 3 つの発光色の強いスペクトルを組み合わせたものである．温度に対するこの 3 種のヨウ化金属の蒸気圧が大きく異なるため，長時間点灯中に蒸気圧のバランスが崩れ，光源色の変化が生じやすい．最も多く普及した Sc-Na 系は，両者のヨウ化物の蒸気圧がほぼ近い組合せであるために，光源色の変化を改善できる．Sc の多数のスペクトル線と Na 発光により，高効率であるが，演色性は劣る．高演色性を重視された Dy-Tl-In 系は，Dy の可視全域の連続スペクトルと Tl 発光と In 発光を組み合わせて，平均演色評価数 90 を得られるが，色温度は 6 000 K と高くなり，効率は劣る．Dy-Tl-In 系に 589 nm の発光スペクトルを持つ Na を加えて，色温度を 4 500 K に下げた平均演色評価数 80 のものがある．Dy-Tl-Cs 系はヨウ化 Dy の蒸気圧を高めて，特に赤色部の連続スペクトルを増して，色温度 4 500 K と平均演色評価数 95 を実現している．一般照明用ランプとして 35 W～2 kW（海外では 3.5 kW）がある．

　セラミック形の発光物質（ハロゲン化金属）の組合せが示すように，Dy，Ho，Tm，Cs の希土類は可視光の波長領域に多くの発光スペクトルを持ち，発光管内の温度を石英ガラスより高温に保持でき，蒸気圧を高められる特性から全体的に，高演色性と高効率が達成される．Dy-Ho-Tl-Na 系のランプは高演色性を重視したものである．Tm-Ce-Tl-Na 系のランプは効率を重視したもので，次に解説する一般形高圧ナトリウムランプの効率と同程度になる．Dy-Tm-Tl-Na 系ランプは演色性と効率が前記両者ランプの中間になり 20～400 W のものがある．

〔3〕　高圧ナトリウムランプ

　高圧ナトリウムランプは，13～65 kPa のナトリウム蒸気圧の発光スペクトルを用いる．ナトリウム蒸気圧が 0.1～0.5 Pa のような低圧蒸気における発光は D 線と呼ばれる 589 nm の線スペクトルのみであるが，蒸気圧を高めていくと，D 線に自己吸収が起こり，その両側に連続スペクトルが発生する．発光管は 95 %程度の拡散透過率を持つ**透光性多結晶アルミナ管**からなる．これはランプの動作中の発光管の最も高温になる中央部（約 1 100℃）においてもナトリウムとの化

学反応に対して安定である．電極は水銀ランプと同じように，タングステンロッドにコイルを装着し，そのコイルの空隙にアルカリ土類金属酸化物あるいはタングステン酸塩とイットリウム酸塩などと混合した電子放射物質を充填したものからなる．封入物質は重量比で約 10~25% のナトリウムを含む水銀との合金（アマルガム）と始動ガスとして主に 3~40 kPa 圧のキセノンガスからなる．圧力を高めると，熱伝導損失を低減し効率 [lm/W] を高めることができるが，始動電圧が高くなる．通常のランプは，アマルガム量を動作に必要な量以上に封入して，**飽和蒸気圧**で動作する．一部にはその必要量のみ封入する**不飽和蒸気圧**のランプもあり，耐振性に優れる．長時間の点灯中にナトリウムが管壁や封着部分に入り込む，いわゆる**ナトリウムロス**があるため，余剰のナトリウムがある飽和蒸気圧形のほうが長寿命になるが耐振性に劣る．多結晶アルミナ管は，ピンチシールができないため，電極に対する外側への通電には金属ニオブ（Nb）管あるいはロッドを用い，封着方法は Al_2O_3-CaO-MgO などからなるガラスフリットを，加熱炉で溶かして溶着するハーメチックシールを用いる．

ランプの構造を**図 3・42** に示す．外管のネックの内面にバリウム（Ba）皮膜のフラッシュゲッターを施して，外管内を高真空に保持して熱の対流や伝導による損失を抑えることにより，発光管内のナトリウムを高蒸気圧に保持する．ナトリウム蒸気圧を変えることで，ランプの光学特性が大きく変わる．**表 3・6** はナトリウム蒸気圧の違いによる光学特性を示す．ナトリウムの蒸気圧の上昇とともにナトリウムの共鳴 D 線が吸収されて，両側にエネルギーが広がる．その結果として，色温度と演色性は上がるが，効率は下がる．

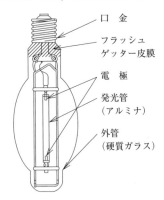

図 3・42　高圧ナトリウムランプの構造

表3・6 高圧ナトリウムランプの蒸気圧による光学特性

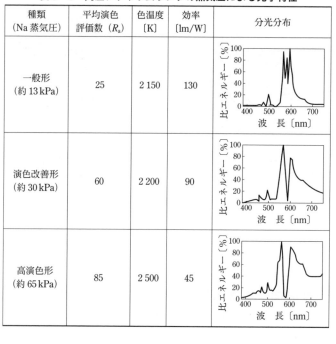

種類 (Na蒸気圧)	平均演色 評価数 (R_a)	色温度 [K]	効率 [lm/W]	分光分布
一般形 (約13 kPa)	25	2 150	130	
演色改善形 (約30 kPa)	60	2 200	90	
高演色形 (約65 kPa)	85	2 500	45	

〔4〕 HID ランプの特性と方式

　HIDランプ動作中の発光管からの放射エネルギー配分の例を**表3・7**に示す．HIDランプは，ランプを始動してから特性が安定するまでの時間が他の種類の光源よりも長く，この時間を**始動時間**あるいは**安定時間**という．また，安定点灯状態で消灯したHIDランプを再点灯しようとしてもすぐには点灯しない．消灯後，発光管が冷却して再点灯するまでの時間を**再始動時間**という．

　一例として400 W 水銀ランプ（HF400X）の始動特性を**図3・43**（a）に，電源電圧変動の特性を図3・43（b）に示す．このグラフで，電源電圧の上昇に従って，ランプ電力も上昇するが，ランプ電圧が変化しない特性は**不飽和蒸気圧ラ**

表3・7 HIDランプの放射エネルギー配分 (単位：%)

	紫外放射	可視光	赤外放射	熱伝導・対流ロス
水銀ランプ	4	16.5	15	64.5
メタルハライドランプ	1.5	24	24.5	50
高圧ナトリウムランプ	0.5	31	25	43.5

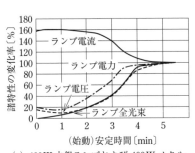
(a) 400W 水銀ランプおよび 400W メタルハライドランプの始動特性

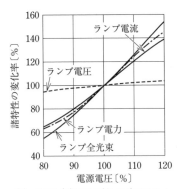
(b) 400W 水銀ランプおよび 400W メタルハライドランプの電圧特性

図3・43　HID ランプの電気的特性

ンプの特徴である．

HID ランプの定格寿命は残存率が約 50％ になる時間として定められており，水銀ランプは 6 000～12 000 時間，メタルハライドランプは石英ガラス形で 6 000～12 000 時間，セラミック形で 6 000～16 000 時間，高圧ナトリウムランプは 9 000～24 000 時間である．

3.3.4　低圧ナトリウムランプ

低圧ナトリウムランプは，ナトリウム蒸気圧が約 0.5 Pa のアーク放電から発する線スペクトル D 線（589.0 nm，589.6 nm）を利用したものである．**図3・44**に示すように，耐ナトリウム性の特殊ガラス管を U 字形に曲げた発光管内に，ナトリウム金属のほかネオンと少量のアルゴンの混合ガスが封入されている．外管内は保温をよくするため高真空にし，さらに外管内壁に蒸着した透光性の赤外反射膜（酸化すずドープ酸化インジウム）によって赤外放射を発光管に戻し，発

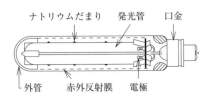

図3・44　低圧ナトリウムランプの構造

光管温度を効率が最高となる約260℃となるように設計している．発光効率は，140～200 lm/Wと高いが，黄橙色の単色光なので被照射物の色識別ができない．用途は，トンネル照明などに限定される．

3.3.5 無電極放電ランプ

高周波無電極放電ランプは，静電結合放電，電磁誘導結合放電，マイクロ波放電および表面波放電とに分類されるが，電磁誘導結合放電による無電極蛍光ランプが実用化されている．0.1～100 MHzの周波数で動作するコイルとランプ管内に形成された閉ループ放電が電磁誘導によって結合される．放電始動は，コイル間の電圧による静電電界によって微小なプラズマが発生～拡大し，ランプ全体に広がる誘導放電に移行する．

管内壁に蛍光体が塗布されたガラス管内にアルゴンガスと水銀が封入され，蛍光ランプと同様な発光が得られる．寿命は，電極がないので不点灯寿命にはならず，明るさの低下（光束維持率）で寿命となるため，6万時間程度と長い．

ランプ構造の代表例を**図3・45**に示す．

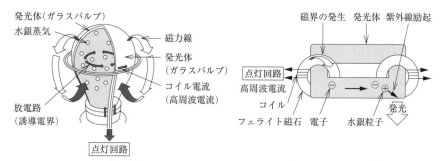

(a) 球状発光管＋外周コイルタイプ　　(b) ループ状放電管＋トロイダルコイルタイプ

図3・45　無電極放電ランプの構造例

3.3.6 キセノンランプ

キセノンランプは，キセノンガスの直流アーク放電による発光を利用したものである．分光分布は，**図3・46**に示すように紫外から可視領域までの連続スペクトルからなる．色温度が約6 000 Kで可視領域部の放射光は，自然昼光（太陽光）によく近似しているため，標準白色光源，映写用，退色試験用，ソーラシミ

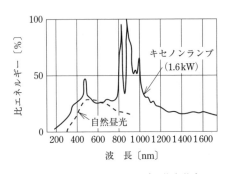
図3・46 キセノンランプの分光分布

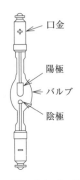
図3・47 キセノンランプの構造

ュレータなどに使用されている．**図3・47**にキセノンランプの構造を示す．

演習問題

1. 熱放射とルミネセンスの発光原理を説明し，これらの現象を利用したランプをそれぞれ2つずつあげよ．

2. 白色LEDを実現する3種類の方法をあげよ．その中で一番普及している方法の利点を2つあげよ．

3. 一般照明用のLEDランプや蛍光ランプの光源色は相関色温度によって区分されている．次の相関色温度の光源色の名称を述べよ．
   ① 2 800 K   ② 3 500 K   ③ 4 200 K   ④ 5 000 K   ⑤ 6 500 K

4. 白熱電球，蛍光ランプ，HIDランプおよび白色LEDの発光効率〔lm/W〕の代表的な値を述べよ．

5. 蛍光ランプやHIDランプの放電材料として使用されている有害物質は何か．また，その使用の規制が強まっている理由を述べよ．

参考文献

1) 照明学会普及部：新・照明教室「光源」（改訂版），照明学会（2005）
2) 菰田：照明学会東京支部技術セミナー，p.5（2009）
3) 照明学会（編）：照明ハンドブック（第2版），オーム社，pp.206-207（2003）
4) 照明学会（編）：照明コンサルタント基礎講座テキスト，照明学会，pp.3.2-18（2023）
5) 野田：照明学会照明コンサルタント更新スクーリング，照明学会，pp.3-15（2021）
6) LED照明推進協議会（編）：LED照明ハンドブック，オーム社（2011）
7) LED照明推進協議会（編）：LED照明信頼性ハンドブック，日刊工業新聞社（2015）
8) 経済産業省化学物質管理課「水銀に関する水俣条約第4回締約国会議の結果について」（2022-5-31）
9) 日本照明工業会：照明工業会報，No.61，p.25（2023）

第 **4** 章

放射の応用

　地球に存在する全生物は，太陽放射によって作り出される光環境に適合する形で進化を遂げ，視覚作用を引き起こす可視放射以外にも，紫外放射および赤外放射の恩恵を受けてこの地球上に生存している．また，人間は，光のさまざまな作用を利用することで私たちの生活の質を向上してきた．すなわち，光は単に私たちの生活空間を照らして視覚を引き起こすものではなく，地球上の全生物にとって恵みの光であり，照明設計の際には，可視放射によって引き起こされる視覚以外のさまざまな作用も考慮する必要がある．

　本章では，光の視覚以外の作用と応用について記述する．

第 4 章　放射の応用

4.1 光源の発明の歴史と光放射の応用

　光は，水と空気とともに，地球上で生活する全生物にとって必須の環境因子の1つである．私たちが生活する地球は今から約46億年前に誕生したと考えられているが，この時の光源は太陽だけであった．地球は，非常にゆっくりとしたスピードで光環境を含むさまざまな環境（大気環境，水環境，地学環境）を整え，生物が誕生した．そして誕生した生物は，地球の環境に適合するように進化を遂げた[1]．現在の私たち人間の祖先は，10万年位前に誕生したと考えられており，その誕生当時の光源は，太陽と雷などで自然発生した火であった．その後，人間は火をつける技術を身につけ，人工光源としてオイルランプと獣脂ろうそくを紀元前に発明した．これらの光源は，近世まで利用されてきたが，燃焼発光である．このため，その燃焼温度の制約によって**可視放射**と**赤外放射**しか放射しておらず，その時代の光源は，単に視覚発現に必要な暗闇を照らすものであった．

　光の本質が科学的に明らかにされたのは，17世紀の産業革命以後である．アイザック・ニュートン（Isaac Newton）は，太陽光をプリズムに通し，白色光はさまざまな色の光（色光）が混じり合ったものであることを明らかにした[2]．フレデリック・ウィリアム・ハーシェル（Frederick William Herschel）は，太陽の赤色の光の外側に赤外放射があることを1800年に発見した[3]．翌1801年には，ヨハン・ヴィルヘルム・リッター（Johann Wilhelm Ritter）が太陽の紫色の光の外側に**紫外放射**があることを発見した[4]．これらの発見により，太陽光は視覚発現に使われている可視放射だけでなく，その外側に紫外放射と赤外放射を持つものであることが明らかになった．

　新しい画期的な光源としてアーク灯がハンフリー・デーヴィ（Humphry Davy）によって1800年に発明された．このアーク灯はスペクトル分布が太陽光と近似しており，これまでの光源と比較すると極めて明るい．この光源の出現は，科学的裏付けに基づく光の視覚以外の応用の門戸を開いた．ニールス・リーベング・フィンセン（Niels Ryberg Finsen）は，アーク灯を用いた尋常性狼瘡への光線治療法を実施し，それらの功績により，1903年にノーベル生理学・医

4.1 光源の発明の歴史と光放射の応用

表 4・1　光放射の波長別作用効果と対応する放射源

波長〔nm〕	区　分	作用効果	関連する人工放射源例
1	X 線		
100	遠紫外放射　UV-C	オゾンの生成 陰イオンの生成 殺菌作用 紫外性眼炎（角膜炎，結膜炎）	石英低圧水銀ランプ 短波長殺菌ランプ 殺菌ランプ 多金属（カーボン）アーク（灯）， （重）水素放電ランプ
200 280	中紫外放射　UV-B	紅斑作用 日光皮膚炎［日焼け］ ビタミン D 生成	医療用 UV-B 蛍光ランプ 光化学用水銀ランプ 健康線用蛍光ランプ
315 320	UV-A 近紫外放射	色素沈着作用 日光色素増強［日焼け］ PUVA（ソラレン光治療） 退色促進 光化学［光硬化］ 蛍光	ブラックライト蛍光ランプ 医療用 UV-A 蛍光ランプ 光化学用水銀ランプ，UV-LED ブラックライト蛍光ランプ
400	可視放射	青色光網膜傷害 新生児黄だんの光治療 植物の屈光性制御 概日リズム制御 （メラトニン・ホルモン生成制御） 昆虫・魚類の走光性制御 （人間の）視覚 鑑賞・効果演色 光化学［工業的光合成］ 植物の光合成 昆虫の複眼の明順応 植物の光周性制御	高輝度ハロゲンランプ 青色蛍光ランプ 太陽光蛍光ランプ 青色蛍光ランプ，高圧水銀ランプ 一般照明用光源 効果演色用蛍光ランプ メタルハライドランプ 高圧ナトリウムランプ，メタルハライドランプ 純黄色蛍光ランプ 白熱電球，遠赤色蛍光ランプ
780	近赤外放射	人体への温熱効果 加熱，乾燥，保温 調理 情報処理（OCR）	赤外電球（こたつ用，医療用） 赤外電球（乾燥用） ハロゲンランプ ハロゲンランプ，レーザ，LED
2〔μm〕	中赤外放射	サーモビジョン応用 加熱	 金属ヒータ，ラジアントバーナ（900℃）
4〔μm〕	遠赤外放射	加熱，乾燥，保温 リモートセンシング レーザ加工，レーザメス	遠赤外ヒータ，ニクロムヒータ 遠赤外ヒータ CO_2 レーザ
1〔mm〕	マイクロ波		

4

第 4 章 放射の応用

学賞が授与されている[5]. また, 1879 年には, 白熱電球がトーマス・アルバ・エジソン (Thomas Alva Edison) によって発明され, 現代照明環境の歴史が始まった.

　科学技術は, 第 2 次世界大戦後, 急速に発展を遂げた. これにより, 多種多様な光源が開発され, 市販されている. また, 医学分野での応用から始まった光の応用は, 理学, 工学, 農学, 水産学と応用の場を広げており, 現代社会を支えるキーテクノロジーとなっている. これまでに光によるさまざまな生物反応が確認され, 応用されている. **表 4・1** に光の応用分野と利用されている光源を示す. 本章では, 光を, 紫外放射, 可視放射, 赤外放射に分類し, それぞれの放射による代表的な作用を記述する. なお, 光という用語は通常, 可視放射の意味で使う場合が多い. 紫外放射, 可視放射, 赤外放射の総称は**光放射** (optical radiation) という用語が定義されている[6]. 本章では以後この光放射という用語を使用する.

　光放射は, 波動性と粒子性の 2 つの性質を併せ持つ. これを**光の二重性** (duality of light) と呼ぶ. 化学作用という観点からは光放射の粒子性を利用している. このため, 光放射の 1 光子当たりのエネルギーが重要である. 1 光子当たりのエネルギー E[eV] は, **プランクの量子仮説**によって, 次式で計算可能である.

$$E = h\nu = \frac{1\,240}{\lambda}[\text{eV}] \tag{4・1}$$

　ここで, h はプランク定数 $(6.626 \times 10^{-34}\,\text{J s})$, ν は光放射の振動数, λ は波長 [nm] である.

4.2 紫外放射の作用と応用

4.2.1 紫外放射の波長区分とその特徴

　紫外放射は, 波長が可視放射の波長より短く 1 nm までの光放射と定義される. **国際照明委員会 (CIE)** では利用頻度が高い波長 100〜400 nm の紫外放射を, **UV-A**：波長 315〜400 nm, **UV-B**：波長 280〜315 nm, **UV-C**：波長 100〜280

80

4.2 紫外放射の作用と応用

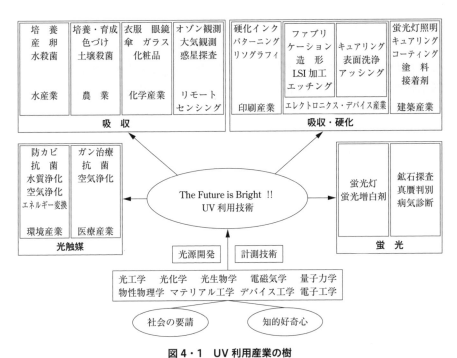

図4・1 UV利用産業の樹
出典［佐々木政子：未来を拓くUV利用技術，照学誌，88 (4), pp. 188-191 (2004)］

nmに分類している[6]．また，この分類とは別に，**近紫外放射**：（波長300～320 nm）から400 nm，**中紫外放射**：（波長200～220 nm）～（300～320 nm），**遠紫外放射**（真空紫外放射，極紫外放射と呼ぶ場合もある）：波長1 nm～（200～220 nm）と分類する場合もある[7]．これらは産業・研究分野ごとに異なっており使用する際には注意が必要である．

　紫外放射は，1光子当たりのエネルギーが3.1 eV以上であり，化学的な作用が大きい．このため生物にとっては有害な側面が多い．一方，工業的にはこのエネルギーによる化学反応を利用し，工業製品等の製造現場に広く応用されている．**図4・1**に紫外放射の応用分野を示す[8]．

4.2.2　紫外放射の生物作用とその応用

　私たち人間が身をもって体験している紫外放射による生物作用は日焼けである．この日焼けは，皮膚科学的には紫外放射曝露による皮膚の急性反応であり，

皮膚が赤くなる**紅斑**と，皮膚が黒くなる**色素沈着**の2つに分類される[9]．

紅斑は，紫外放射の照射によって真皮乳頭層の血管が拡張充血して炎症を起こし，外観的には照射を受けた皮膚の部位が赤味を帯びる光生物作用である．紫外放射曝露後，24時間後位に最も赤みが強くなる．反応が強い場合は，火傷と同様に浮腫や水疱を伴う．紅斑効果を生じる紫外放射の波長域は UV-C および UV-B であるが，多量の UV-A 曝露によっても惹起される．**図4・2**に CIE が標準化した紅斑参照曲線[10]を示す．紅斑は，一般的に 300 J/m^2 程度の紫外放射曝露によって惹起される．しかし，紅斑を引き起こす最小被曝量（最小紅斑量）は人種差や個人差が大きい．なお，CIE の紅斑参照曲線は，気象庁から毎日発表される国際的な太陽紫外放射情報である **UV インデックス**[11]や，ニュージーランドおよびオーストラリアにおいて規格化され，日本産業規格になっている布の**紫外放射防御指標 UPF**（Ultraviolet Protection Factor）[12]の算出の際に活用されている．

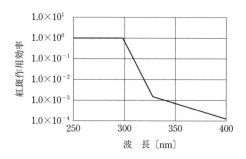

図4・2 紅斑参照曲線

色素沈着には，UV-A から可視放射の曝露直後に現れる即時型黒化（immediate tanning）と，紅斑の消退に伴って3日から5日後に出現する遅延型黒化（delayed tanning）とに分類される．このうち UV 防御に有効なのは遅延型黒化である．遅延型黒化は，皮膚に紫外放射が照射されると表皮内でメラニンが合成され，表皮のケラチノサイト（角化細胞）へ分泌されて，皮膚の色が褐色ないし黒褐色になる皮膚反応である．合成されたメラニンは紫外放射を吸収するため，遅延型色素沈着は皮膚が傷害を受けた結果の防御反応と考えることができる[9]．

紫外放射の長期的な曝露の影響として，UV-A 紫外放射の作用である皮膚の老化（たるみやしわ）が知られているが，最も注意しなければならないのは UV-B 紫外放射の作用である**皮膚癌**である．北米における白人に関する報告では，太陽

UV-B 紫外放射が多い低緯度地方ほど皮膚癌の発生率が高いとの報告がある[13].さらに，UV-B 紫外放射は，生物が持つ免疫を抑制する作用を持つことが明らかになっている．このため，世界保健機関（WHO）は，2003 年に日焼けベッドの使用は皮膚癌のリスクを助長するため，美容目的で使用すべきではないと勧告した[14].

　紫外放射の人間に対する作用として，視作業に伴う眼に対する作用は無視できない．光放射は，角膜，房水，水晶体，硝子体を透過し，網膜に到達し，視覚を発現する．眼に当たった光放射は，角膜によって波長 300 nm よりも短波長側の成分が吸収される．この光放射によって惹起される眼の急性反応は**紫外線角膜炎**であり，スキー後に起こる雪眼や溶接後に起こる電気性眼炎として有名である．これは紫外放射曝露による角膜上皮の分裂障害が原因で，疼痛抑制と消炎により数日で軽快する[15].なお，翼状片と呼ばれる角膜病変は，紫外放射曝露によって発生すると考えられている．

　房水を透過した波長 300 nm よりも長波長の紫外放射の大部分は水晶体によって吸収される．この紫外放射の長期的な曝露によって水晶体のタンパク質であるクリスタリンが変性して混濁し，**白内障**を発症するとされている[16].以上，紫外放射の人間に対する有害な作用を説明したが，有用な作用を次に説明する．

　紫外放射の有用作用としては，**ビタミン D** 合成があげられる[17].ビタミン D は，活性型ビタミン D として，腸管からカルシウムの吸収を高めたり，腎臓の働きによりカルシウムの血中から尿血中への移動を抑制したりするなどして，血中カルシウム濃度を高める作用がある．また，骨形成に重要な作用を有する．人間の皮膚表皮では，7-デヒドロコレステロールに紫外放射を照射することでプレビタミン D_3 が生成される．プレビタミン D_3 は，熱異性化反応によって摂氏 30 ℃ の条件下でビタミン D_3 に 10 日程度で変換される．ビタミン D_3 は，肝臓で 25 位が水酸化されて 25-ヒドロキシコレカルシフェロールが生成され，その後，腎臓で水酸化され，活性型ビタミン D_3 である 1,25 ジヒドロキシビタミン D_3 となって生理作用を発現する．

　プレビタミン D_3 生成の作用スペクトルのピーク波長は，波長 298 nm 付近の UV-B 領域にある．成層圏オゾン層破壊による太陽 UV-B 紫外放射の増加が問題となった 1980 年代後半以降，特に欧米では皮膚癌予防のために徹底した太陽 UV-B 曝露対策が行われるようになった．これは，ビタミン D は，皮膚での紫

外放射曝露による合成以外にも，シイタケや魚類などから経口摂取することができるためである．しかし，2000年代に入り，この徹底したUV-B曝露対策の副作用としてビタミンD不足が問題となった．新生児の頭蓋骨を指で押すとピンポン球のようにへこむ状態は頭蓋ろうと呼ばれる．これは新生児が母体にいる間の母親のビタミンD欠乏が原因であるとされている[18]．CIEの勧告では，南中時の太陽紫外放射曝露は避ける必要があるが，適度な日光浴は健康増進のため必要であるとしている[19]．なお，UV-B紫外放射のことを，気候が健康に及ぼす影響について研究したカール・ヴィルヘルム・マックス・ドルノ（Carl Wilhelm Max Dorno）にちなんで，**ドルノ線**と呼ぶこともある．ここまでは，主に，人間に対する作用を記述したが，以後，人間以外への作用と応用を紹介する．

　紫外放射の最も代表的な作用は**殺菌**である．**低圧水銀ランプ**から放射される波長253.7 nmの水銀輝線による殺菌作用の研究の歴史は古く，私たちの生活の身近なところで応用されている．地球上のほぼすべての生物の遺伝情報はデオキシリボ核酸（DNA）が司っており，このDNAの吸収ピークは波長260 nm付近に存在する．DNAが波長253.7 nmの紫外放射を吸収すると，シクロブタン型ピリミジン2量体が形成されDNAの複製が阻害される[20]．これが殺菌である．紫外放射による殺菌はあらゆる菌種やウイルスに対して有効であり，耐性菌を作らないなどの長所がある．このため，細菌汚染防止を要求される外食産業，食品産業，農水産業，環境産業などで実際に幅広く応用されている[21]．例えば，日本国内で消費されている鶏卵は，出荷前に殻の表面殺菌が施されている．このため，生卵を安全に食べることができる．また，日本国内の浄水施設では塩素殺菌が行われてきた．しかし，人間を含む脊椎動物の消化管などに寄生するクリプトスポリジウムという原虫は塩素では殺菌できない．そこで紫外放射による殺菌も2000年代に入ってから行われるようになった．なお，波長253.7 nmの水銀輝線を効率よく放射する低圧水銀ランプのことを**殺菌灯**とも呼び，波長253.7 nmの水銀輝線を殺菌線と呼ぶ場合がある．

　2010年代に入りUV-Cを放射するUV-LEDの開発が進展し，このUV-LEDを組み込んだ，小型の殺菌装置も発売されている．さらに，2020年以降，波長222 nmに放射ピークを示すエキシマランプと帯域透過フィルタを組み合わせた殺菌装置が市販されている．ヒトの皮膚や角膜の表皮には死んだ細胞が存在する．この死んだ細胞のタンパク質によって本来有害であるこの波長の紫外放射は

吸収され，皮膚や角膜の内部の生きた細胞には届かない．このため空気中を浮遊したりモノの表面に付着したりするウイルスや菌類には殺菌効果を示すが，人間に対しては悪い影響がほとんどないとされている[22]．

昆虫は光放射に反応して行動することが明らかになっており，紫外放射に対する光受容器を有している[23]．この反応を応用したものが，ブラックライトを組み込んだ捕虫器や電撃殺虫器である．夜間の野外スポーツ施設などにプレイの妨害昆虫の駆除のために設置されている．なお，照明用白色 LED は，虫が寄りにくいとされている．これは，紫外放射が従来の光源と比較して極めて少ないためである．

4.3 可視放射の視覚以外の作用と応用

4.3.1 可視放射の波長域とその特徴

可視放射は，人の目に入って，直接に，視感覚を起こすことができる放射と定義されている．また，可視放射の波長限界は，一般に短波長側を 360〜400 nm の間に，長波長側を 760〜830 nm の間にとる[6]．波長限界が，短波長側，長波長側ともに特定の単一波長に限定されていないのは，人間の視覚作用に個人差があるため，特定の単一波長に限定できなかったためである．

人間にとって可視放射は，視覚を発現する重要な光放射である．しかし，視覚以外の作用を引き起こし，人間の生活を支えている．この節では視覚以外の作用を記述する．

4.3.2 可視放射の作用とその応用

地球は太陽の周りを 24 時間で 1 回自転しながら公転しており，この結果，地球上では回帰線よりも高緯度地方を除き，24 時間周期で，太陽の光が照射される昼と照射されない夜を繰り返している．人間をはじめ地球上の全生物は誕生以来，太陽光を主光源としてきた．このため，地球上の全生物は，この太陽の 24 時間の周期に連動した形で生活リズムが整えられている．一方，太陽光が全く届

かない光環境下に置かれると，人間の場合は，本来持っている生体リズムが24時間より30分程度長いため，生活リズムは日々後退する．この本来の生体リズムを**概日リズム**（サーカディアンリズム）と呼び[24]，24時間のリズムに整える作用をするのが朝の太陽光である．概日リズムは，朝の太陽光以外にも食事などの外的な要因でも調整される．

人間をはじめ哺乳類における概日リズムを生み出す時計中枢は，視交叉上核に存在し，視交叉上核は光放射の情報を眼から受け取る．眼の網膜における光受容器として桿体と錐体が知られているが，概日リズムを制御するための光受容器は**光感受性網膜神経節細胞**（**ipRGC**）である．この細胞はメラノプシンと呼ばれる光受容タンパク質を含んでおり，このメラノプシンからの情報は網膜視床下部路を通って視交叉上核に伝達される．視交叉上核は網膜から受け取った情報を他の情報と統合し，松果体へ送信していると考えられている．松果体ではこの情報に応答してメラトニンを分泌する．メラトニン分泌量は夜間に多く昼間に少ない日内変化を示すことが明らかになっており，メラトニン分泌量の増加によって睡眠が促進される．このメラトニン分泌リズムと生活のリズムの位相が急に狂うと生活に支障が生じる．例えば，飛行機で短時間に時差の大きな地域へ移動した際に発生する時差ぼけがその一例である．

メラトニンの分泌量は波長460nm付近の青色光で効果的に抑制される．この特性を利用した**高照度光療法**が，生体リズム異常を伴う精神疾患である季節性感情障害や，夜間徘徊する痴呆老人に対して実施されている．なお，夜間勤務をしている白人女性で乳癌リスクが上昇していることを示唆する疫学調査結果が報告されている．これは，夜間の人工光曝露によるメラトニン分泌抑制の関与が考えられている．

可視放射の視覚以外の作用として重要なのは，**青色光網膜傷害**である[25]．4.2.1項で説明したとおり，人間の水晶体は紫外放射の大部分を吸収する．さらに，波長1400nmよりも長波長側の赤外放射も吸収する．このため，人間の眼の網膜には，波長400から1400nmの光放射が到達している．この波長域の光放射のうち波長400nm付近の青色光は4.1節で示したように1光子当たりのエネルギーが大きく，この青色光によって傷害が生じることが知られており，これを青色光網膜傷害と呼ぶ．

青色光網膜傷害は，輝度が高い青色光を含む光源を凝視した場合，光源の像が

網膜に結像し，これにより惹起された光化学反応により生じる．網膜に結像した青色光は，網膜のメラニン，レチナール，チトクローム，ヘモグロビン，フラビン，そしてリポフスチンによって吸収され，これらの物質を励起する．励起状態になったこれらの物質は周囲に存在する酸素を励起し，活性酸素が生成される．活性酸素は不飽和脂肪酸を酸化し，細胞が傷害を受ける．これが青色光網膜傷害のメカニズムである．

4.4　赤外放射の作用と応用

4.4.1　赤外放射の波長区分とその特徴

　赤外放射は，波長が可視放射の波長より長く1mmまでの光放射と定義される．CIEでは780nm～1mmの波長範囲を，**IR-A**：波長780nm～1.4μm，**IR-B**：波長1.4μm～3.0μm，**IR-C**：波長3.0μm～1.0mmに分類している[6]．また，この分類とは別に，**近赤外放射**：可視域に隣接した，光化学効果を生じる可能性のある波長域の赤外放射（波長0.78～2.0μm），**中赤外放射**：ガラスの透過限界波長より短波長で近赤外放射よりも長波長域の赤外放射（波長2.0～4.0μm），**遠赤外放射**：ガラスの透過限界波長より長波長で，物質などに吸収されると他の様態のエネルギーに変換されることなく，直接的に分子や原子の振動エネルギーや回転エネルギーに変換される波長域の赤外放射（波長4.0μm～1.0mm）と分類する場合もある[7]．これらは産業・研究分野ごとに異なっており使用する際には注意が必要である．

4.4.2　赤外放射の作用とその応用

　赤外放射は波長が長いため1光子当たりのエネルギーは小さい．このため，吸収された光放射は化学反応を起こさず，ほとんどすべてが熱エネルギーに変換される．したがって，加熱，乾燥，保湿，調理などに応用されている．

　さらに，「テラヘルツ波」と呼ばれる波長30μm～3mm，周波数では0.1～10THzの，光放射と電波の境界領域の赤外放射の応用研究が始まっている．この

第 4 章　放射の応用

領域の光放射は，光放射のような直進性を持ちつつ，電波のような高い透過性を持つという特性がある．さらに，アミノ酸などの生体関連分子などの有機分子結晶の多くの分子内振動や分子間振動は THz 周波数帯域に存在している．これらの特性を利用した分光分析・非破壊検査・通信への応用研究が始まっている[26]．赤外放射の作用効果と応用例を**表 4・2** に示す．

表 4・2　赤外放射の作用効果と応用例

作用効果	応用例
化学作用	メラミン樹脂・エポキシ樹脂の重合促進 赤外写真
乾　燥	赤外乾燥（のり，かつお節，ちくわ，さきいか，紙，木材など）
暖　房	こたつ，ストーブ
加　熱	電熱器，オーブン，トースタ 陶磁器の焼成 単結晶成長 ガラスの溶融・徐冷
溶　接	光ビーム溶接 はんだ付け
保　温	ふ卵器，飼育箱 食品の保温（ローストチキン，ホットドッグなど）
調　理	パン，ケーキ 魚類のくん製 発酵の促進
脱　色	天草
複　写	PPC の定着 感熱式複写機
医　療	血液の循環，汗の分泌促進 レーザメス 熱パターンによる人体診断
情報処理	赤外通信 暗視装置 遠隔探査
測定，探知，分析	地形の探知 温度測定，分光分析

演習問題

1. 次の文章の中で，記述の正しいものには○を，正しくないものには×を付け，正しくないものは，その理由を簡単に記述せよ．
   (1) 人間の視覚で認識されるのは可視放射だけであるから，紫外放射や赤外放射に関する知識は，通常の照明設計には全く必要がない．
   (2) 紫外放射を使った殺菌では，耐性菌は生成されない．
   (3) 晴れた日に真夏の海岸に行くと皮膚が赤くなるのは，太陽光に含まれている紫外放射 UV-B の作用である．
   (4) 夜間，店舗の外で光っている捕虫器や殺虫器は，昆虫を可視放射によって引き寄せ，店舗内部への侵入を防止する効果がある．
   (5) 概日リズムの調整には，朝の太陽光や高照度の光放射を浴びることが有効であり，特に赤外放射の効果が高い．

2. プランクの量子仮説を用いて，波長 254 nm，555 nm，830 nm，1.40 μm，3.00 μm，1.00 mm の光放射の 1 光子当たりのエネルギーを eV 単位で計算せよ．

参考文献

1) Wayne P. R.: Chemistry of Atmospheres, Third Edition, Oxford (2000)
2) Newton I.: "A Letter of Mr. Isaac Newton", Philosophical Transactions, Vol. 6 (1672)
3) Herschel W F.: "XIV. Experiments on the refrangibility of the invisible rays of the sun", Philosophical Transactions, Vol. 90, pp. 283-293 (1800)
4) 佐々木政子（編著）："学んで実践！ 太陽紫外線と上手に付き合う方法"付録，丸善 (2015)
   https://www.maruzen-publishing.co.jp/fixed/files/pdf/294899/errata_294899.pdf ［2024年1月6日参照］
5) Grzybowski, A and Pietrzak, K.: "From patient to discoverer-Niels Ryberg Finsen (1860-1904-the founder of phototherapy in dermatology)", Clinics in Dermatology, Vol. 30, pp. 451-455 (2012)
6) CIE S 017: International Lighting Vocabulary, 2nd Edition (2020)
7) JIS Z 8113：照明用語（1998）
8) 佐々木政子："未来を拓く UV 利用技術"，照明学会誌，第 88 巻，pp. 188-191 (2004)

9) 堀尾武：光皮膚科学—基礎から臨床へ—，医薬ジャーナル社，p. 33（2006）

10) ISO/CIE 17166: Erythema reference action spectrum and standard erythema dose（2019）

11) WHO, WMO, UNEP and ICNIRP: Global Solar UV Index-A Practical Guide, World Health Organization（2002）
https://www.who.int/publications/i/item/9241590076 [2024 年 1 月 6 日参照]

12) AZ/NZS 4399: The Australian/New Zealand Standard Sun protective clothing-Evaluation and classification（2017）

13) Crombie, I. K.: "VARIATION OF MELANOMA INCIDENCE WITH LATITUDE IN NORTH AMERICA AND EUROPE", British Journal of Cancer, Vol. 40, pp. 774-781（1979）

14) WHO: artificial tanning sunbeds risks and guidance, WHO（2003）
https://www.who.int/publications/i/item/9241590807 [2024 年 1 月 6 日参照]

15) 大橋裕一（著），大野重昭（監修），木下茂・中澤満（編）：標準眼科学（第 11 版），医学書院，p. 38（2011）

16) 澤充（著），大野重昭（監修），木下茂・中澤満（編）：標準眼科学（第 11 版），医学書院，p. 70（2011）

17) CIE 174: Action spectrum for the production of previtamin D3 in human skin（2006）

18) Yorifuji, J., Yorifuji, T. et al.: "Craniotabes in Normal Newborns: The Earliest Sign of Subclinical Vitamin D Deficiency", The Journal of Clinical Endocrinology and Metabolism, Vol. 93, 1784-1788（2008）

19) CIE 219: Maintaining Summer Levels of 25（OH）D during Winter by Minimal Exposure to Sunbeds: Requirements and Weighing the Advantages and Disadvantages（2016）

20) 船坂陽子・市橋正光（著），佐藤吉昭（監修）：光線過敏症（改訂第 3 版），金原出版，pp. 34-37（2002）

21) 竹下秀："紫外線の生物への影響と紫外線殺菌の利用上の注意"，クリーンテクノロジー，Vol. 33, No. 1, pp. 51-54（2023）

22) Yamano, N., Kunisada, M. et al.: "Long-term Effects of 222-nm ultraviolet radiation C Sterilizing Lamps on Mice Susceptible to Ultraviolet Radiation", Photochemistry and Photobiology, Vol. 96, pp. 853-862（2020）

23) 霜田政美："昆虫の光に対する反応と害虫駆除への利用"，植物防疫，Vol. 68, No. 10, pp. 594-598（2014）

24) 照明学会（編）：照明ハンドブック（第 3 版），オーム社，p. 512（2020）

25) HAM, W. T., Mueller, H. A. and Sliney, D. H.: "Retinal sensitivity to damage from short wavelength light", Nature, Vol. 260, pp. 153-155（1976）

26) 佐々木哲朗："テラヘルツ波イメージング"，映像情報メディア学会誌，Vol. 67, No. 6, pp. 460-464（2013）

第 **5** 章

照明器具

　照明器具は，快適な照明環境を得るため，光源から出る光をコントロールする光学的機能，この機能を果たすために電気エネルギーを供給する電気的機能，光源を保持，保護するための機械的機能を併せ持つ．また，意匠性が求められたり，装飾的な効果が必要とされたりする場合も多い．本章では，これらのことを念頭に置きながら照明器具の光学，構造と分類について述べる．

5.1 照明器具の光学

5.1.1 平面における反射と屈折

照明器具の光を制御する例として、レンズ、プリズムや反射板、その他透光材カバーなどを用いて、反射や屈折により適切に制御する方法があるが、光を直線として論ずる場合は、次の3つの基本的な法則がある.

① 光は均質、等方の媒質中では直進する.
② 異なる媒質の境では、光は方向を変える. これが反射と屈折であり、このとき入射光、入射点、屈折光および反射光は同一平面上にあり、この平面を入射面という.
③ **図5・1**に示すように光の入射点から入射面上に法線をたて、これを中心として入射角 i_1、反射角 i_1'、および屈折角 i_2 とすると、式（5・1）の関係が成り立ち、これを**スネルの法則**という.

$$\left. \begin{array}{l} n_1 \sin i_1 = n_2 \sin i_2 \\ i_1' = i_1 \end{array} \right\} \quad (5・1)$$

屈折率 n は媒質固有の定数で、波長にも関係し、波長が短いほど屈折率が大きくなる. 光学材料の波長と屈折率の関係を**図5・2**に示す.

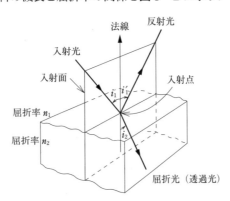

図5・1　反射および屈折

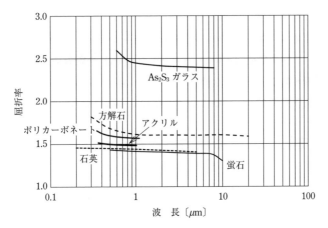

図 5・2　光学材料の波長と屈折率

光は反射面で反射する場合，**正反射**と拡散反射の 2 種類がある．正反射とは，鏡やガラス面のように，光が一方向にだけ反射するものであるが，鏡のような場合でも反射後の光は減衰する．入射光束と反射光束の比を**反射率**といい，屈折率と同様に波長によって変わる．**図 5・3** に鏡面処理された光学材料の反射率を示す．

式（5・1）を，$n_2 < n_1$ となる条件で書き換えると，光学的には

$$\sin i_2 = \frac{n_1}{n_2} \sin i_1 \tag{5・2}$$

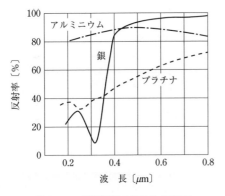

図 5・3　光学材料の波長と反射率

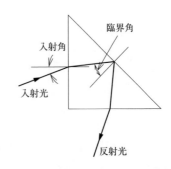

図 5・4　直角プリズムによる全反射

となる．密な媒質（例えばガラス）から粗な媒質（例えば空気）に光が進む場合，$\sin i_2 > 1$ となるが，このような角は実在しない．すなわち入射光はすべて反射される．これを**全反射**といい，$i_1 = \sin^{-1}(n_2/n_1)$ を**臨界角**という．

これは**図5・4**に示すような直角プリズムによって実現することができるが，この臨界角以下で光が入射すると全反射が起こらないため注意を要する．

5.1.2 曲面における反射と屈折

基本的には平面における反射，屈折と原理は同じである．すなわち，入射点における接平面を考え，この仮想平面に対して前述の考え方を展開すればよい．しかし，曲面を平面に分割し分析するのは煩雑であるため，一般的には，放物曲面や楕円曲面を用いて光を制御する．レンズの場合，**図5・5**に示すように焦点に光源を置くことにより平行光線が得られる．このように平行光線とすることにより，照度を面積比の逆数倍 $(S'/S)^{-1}$ に増加させることができる．さらには光源の位置を焦点距離から離して光を一点に集光することもできる．一般に，照度は距離の2乗に逆比例するが，図5・5からわかるように，平行光線とすることにより理論的には照度は距離に無関係となる．

反射板の場合，**図5・6**に示すような，焦点より出た光を平行な方向に反射する特性があるので，ある特定の方向に集光する場合に有効である．この場合は，レンズと異なり光の方向が反転する．実際に平行光線を得るには，図5・6に示すような放物曲面を放物線の軸を中心に回転した回転体の焦点に光源を置くことにより目的が達成される．

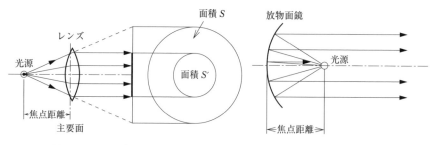

図5・5　レンズによる平行光線　　　図5・6　放物面鏡による平行光線

5.1.3 透過と吸収

透明体に光が当たると，まず境界で一部が反射され，残りは透明体内部を通過し，そして次の境界でさらに一部が反射され，残りが透明体外部へ出ていく．この場合，透明体内部を光が通過するとき，電気回路同様，抵抗に相当する特性があり，透明体内部で吸収され熱などに変換されて損失となる．

図 5・7 のような吸収係数 α の媒質内のある点に Φ[lm] という光束があるとし，これから dx[m] だけ媒質を通過したために失われる光束を $d\Phi$[lm] とすると，減衰する光束 $d\Phi$ は，もとの光束と層の厚みに比例する．

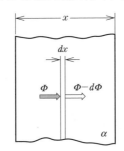

図 5・7　透明体内の光の吸収

すなわち式（5・3）が成立する．

$$d\Phi = -\alpha \Phi dx \tag{5・3}$$

式（5・3）が成り立つような媒質が厚さ x[m] とするなら，式（5・4）が得られる．

$$\Phi = \Phi_0 e^{-\alpha x} \tag{5・4}$$

ここに，Φ_0 は $x=0$，すなわち入射面における光束〔lm〕である．

したがって，厚さ x の媒質の透過率は，通過後の光束を入射時の光束で割った Φ/Φ_0 で求められる．

5.1.4 拡　散

正反射のほかに，図 5・8 に示すような反射が存在する．これは反射面を拡大して見た場合，曲面における反射（5.1.2 項）で述べたように，入射点における

第5章　照明器具

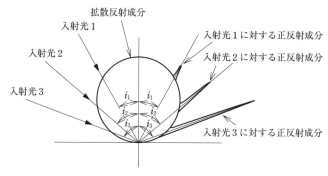

図5・8　白色塗装面の反射特性

仮想接平面に対しては正反射をしているが，全体として見た場合，光はあらゆる方向に反射している．このような反射を**拡散反射**という．

照明理論計算を可能にするため，このような面をどの方向から見ても一様な輝度となるよう仮定するが，このような反射を**均等拡散反射**といい，1章の図1・10のような関係がある．実際は図5・8に示したように若干の正反射成分があり，この正反射成分は入射角が大きくなるほど大きい．

5.1.5　照明器具の効率

光は前述の反射，屈折，透過，吸収，拡散を繰り返して媒質中を進むが，照明器具の中でも同様の行程がある．各過程ではすべて効率（反射効率，透過効率など）が関わり材質や厚みおよび反射，屈折の回数などによって器具の効率は影響される．例えば，反射率の高い材質であれば反射効率は高くなるが，反射の回数が増えれば反射率に乗じて反射効率は低下する．これらの過程を踏まえ，設計された照明器具の光束取り出し効率を評価する際は，ランプから放射される光束 Φ_L [lm] を 100% の効率と考え，そのランプを照明器具に取り付け反射，透過などを繰り返した後に器具から放射される光束 Φ_0 [lm] を Φ_L [lm] で除したものを器具効率 η とする．これは式（5・5）のように定義される．

$$\eta = \Phi_0 / \Phi_L \tag{5・5}$$

これは**図5・9**に示すランプを取り付ける仕様の照明器具に適用される．

しかし，現在主流となっている LED 照明器具の場合は，**図5・10** に示すように光源と照明器具が一体になっている形状のものも多く，それぞれを分けて考え

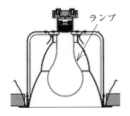

図5・9 ランプ仕様の
ダウンライト

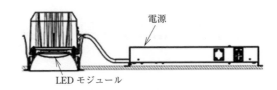

図5・10 光源一体形ダウンライト

る器具効率の考え方に当てはまらない場合が多い．一般的にLED照明器具の効率は，照明器具から取り出される器具光束の定格値〔lm〕を定格消費電力〔W〕で除した**固有エネルギー消費効率**〔lm/W〕として式（5・6）で示される．

$$固有エネルギー消費効率 = \frac{器具光束の定格値}{定格消費電力} \tag{5・6}$$

これは1Wの電力でどれだけの明るさを取り出せるかを表しており，固有エネルギー消費効率が高いほど省エネルギー性能が高い照明器具といえる．照明設備の省エネ化が重要視される昨今では非常に重要な指標とされている．固有エネルギー消費効率向上のためには反射材や透過材および光学設計による配光制御などで光学的なロスを考慮する必要がある．合わせてLEDモジュールの高効率化や制御装置の回路効率向上などさまざまな要素も固有エネルギー消費効率に影響している．

また，白熱電球や蛍光ランプといった光源は光源全周にわたって光が放出されるが，LEDは主に前面のみから光が放出されている．このため主に全般照明用途としてのLED照明器具には，反射板やレンズなどを設けずに，**図5・11**に示すようにLEDモジュールを覆い拡散性と輝度を最小限に抑えるカバーなどで，光学的なロスをできるだけ低減させた構造も広く採用されている．

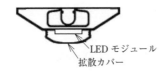

図5・11 LEDモジュールを拡散
カバーで覆った例

第 5 章　照明器具

5.2　照明器具の構造と分類

5.2.1　照明器具の構造

　照明器具は，安全で快適な照明環境を得るために，主に 5 つの機能を併せ持つ必要がある.

　①　電気的機能：光源に電気エネルギーを供給するために，制御装置，スタータ，ソケット，端子，電線などで構成され，電気的に十分安全でなければならない.

　②　機械的機能：電気的機能，光学的機能，熱的機能部分を保持あるいは保護し，建築物への取付けを担う部分でもある.

　③　光学的機能：光源から出た光を制御する部分で，レンズ，プリズムや反射板，その他透光材カバーなどがこれにあたる. 光学制御は照明器具の用途によって異なる.

　④　熱的機能：光源から出た熱を伝導，対流，放射の原理を利用して外気へ放熱するための機能で，点灯装置内の電子部品を放熱するための放熱器，伝導性のよい樹脂材料，また，最近では LED の熱を放熱するための放熱器（ヒートシンク）などがこれにあたる.

　⑤　装飾的機能：機械的部品や光学的部品を兼ねる場合が多いが，透光板やシャンデリアのガラス部品などがこれにあたる.

　次に，これらの機能について基本的なことを解説する.

〔1〕　電気的機能

　電気用品安全法や日本産業規格（以下，JIS）などでは，照明器具に用いる部品や照明器具自体の安全について規定されている. 電気的部分は充電部の露出や絶縁距離の維持，発熱部品近傍の温度による絶縁材料の劣化について，考慮する必要がある.

　また，LED 照明器具の普及に伴い，「目が疲れる」，「気分が悪い」といった体調不良を訴える事例がいくつか報告され，これは，**フリッカ**と呼ばれる照明のちらつきが要因の 1 つと推測されている. LED は直流電源（DC）で点灯するため，

98

商用交流電源（AC）を用い点灯させる場合には，AC-DC 変換が必要となる．このとき，交流の凹凸が残った状態の脈流電源で LED を点灯させるとフリッカが生じる[1]．こうしたことから，電気用品安全法ではちらつき防止の規格が制定されている．一般照明 LED 光源においては，①出力に欠落部（光出力のピーク値の 5% 以下の部分）がなく，繰返し周波数が 100 Hz 以上のもの，②光出力の繰返し周波数が 500 Hz 以上のものは，「光出力はちらつきを感じないもの」とみなしている．

〔2〕 機械的機能

　電気的部品や光学的部品を保持すると同時に，照明器具として天井など建築構造体に取り付ける機能を担う部分であるが，同時に電気絶縁や火傷に対する保護，あるいは光源に対して障害物から保護する機能を兼ね備えている．また，照明器具の外郭にもなるため機械的強度を必要とする．一般的には鉄板が多く用いられるが，密閉形や防水形の照明器具には鋳物も用いられる．また，最近では合成樹脂の一般的な特徴である

①　成形性が良好で形状設計の自由度が大きい．

②　軽量である．

③　電気絶縁性がよい．

などを利用して器具の小型化と軽量化を両立させる開発も進んでいる．

〔3〕 光学的機能

　目的に合った照明効果を得るため，金属や合成樹脂およびガラスで形成される光学部品が用いられる．これらの光学的形状，さらには表面処理が重要となる．

（a） 反射板　　　正反射を利用するものとしては，従来から使用されている高純度アルミニウムなどを使用する手法と，一般的なアルミニウム材料の表面に真空蒸着により純度の高いアルミニウム薄膜を形成し反射率を高める手法がある．また，銀蒸着により反射率を高める手法も開発されている．その他，高屈折率の透明体と低屈折率の透明体の薄膜を交互に積層とすることにより光沢面を形成する手法もある．

　拡散反射を利用するものは，高反射率を有した白色塗装を鉄板に施したものが主流であるが，LED ダウンライトなど一部の器具では，白色系のポリブチレンテレフタレート樹脂やポリカーボネート樹脂なども用いられている．また拡散反射を利用する場合は，鉄板の表面を脱脂し，プライマ処理後にメラミン樹脂焼き

付け塗装を行う場合があるが，耐湿形や耐塩形照明器具には，アクリル樹脂塗装やポリウレタン樹脂塗装を施すのが一般的である．

(b) レンズ　従来は反射板による制御が主流であったが，LED光源が開発されてから，より目的にあった照明効果を得るため，レンズで制御する手法も用いられている．レンズは，全反射，屈折を利用して光を集光させたり，拡散させたりできる．レンズに用いる材料は主に合成樹脂が用いられることが多い．合成樹脂はきわめて多種多様であるが，透過率の高いアクリル系樹脂やポリカーボネート樹脂が使用されることが多い．合成樹脂材料を用いて光学設計をする際には，材料の屈折率をあらかじめ知ることが重要である．

(c) 透光材カバー　照明器具に用いるカバーには，さまざまな透明材料が用いられる．LED素子やランプを保護する目的と光源の輝度を抑えるような役割を担う場合が多い．同じような役割を果たすものにグローブやセードと呼ばれるものがある．カバーに用いる材料の種類によって光の透過率は異なり，表面に化学処理やサンドブラストなどで光が拡散しやすいように加工したものもある．ま

表 5・1　各種材料の反射率および透過率（単位：%）

材料		反射率		透過率		吸収率
		正	拡散	正	拡散	
ガラス	無色透明（2～5mm厚）	8～10		80～90		5～10
	つや消し（2～5mm厚）　滑面入射	4～5	5～10		70～85	5～15
	淡い乳色・むく　　　　滑面入射	4～5	10～20	5～20	50～55	8～12
	濃い乳色・むく	4～5	40～70		10～45	10～20
紙	白色画用紙・ケント紙		75			25
	障子紙		50		45	5
合成樹脂	透明な磨き板（2～3mm厚）	20～85		80～90		
	透明な粗面板（2～3mm厚）				60～80	
	白色の粗面板（2～3mm厚）	20～85		3～60		
正反射面	銀	92				8
	クロム	65				35
	アルミニウム（素地）	51～68	9～17			22～32
	ステンレス鋼	55～66	8～10			26～35
	ガラス面（2～3mm厚，裏面鏡）	80～86				14～20
拡散面	石こう		87			13
	つや消しアルミニウム		62			38
	アルミニウム・ラッカ		35～40			60～65
	木材（白木）		40～60			40～60
	ほうろうエナメル（白）	4～5	60～70			25～35
	ロックウール吸収板（白）		89～95			5～11

（注）　値は概数である．測定条件は入射角0～30°の平行光線とする．

た照明器具の外郭にもなるため，特に合成樹脂を用いる場合は，ほこりの付着が問題となる．耐電防止材を表面に塗布するなどして，静電気が帯電しないように考慮する．また，熱および機械的強度が一般的に弱いことから，耐熱性や引張荷重が常時，合成樹脂部分にかからないように配慮する．また，ガラスの場合，ひずみが残っていると，わずかな熱的あるいは機械的衝撃で破損することがあるため，注意が必要である．

表 5・1 に各種材料の反射率および透過率を示す．

〔**4**〕 **熱的機能**

電気部品が正常に動作するためには，放熱設計が重要である．特に LED は温度により性能が変わる光源であるため，その重要性はより高まっている．放熱設計では発熱体から発生した熱を外気に効率よく逃がす必要がある．放熱器などを発熱体に接合させ伝導を利用して放熱する手法が主流であるが，放熱器はできる限り熱伝導性がよいものを選択する必要がある．代表的な材料としてアルミニウム合金を用いた放熱器が多く，一般的に**ヒートシンク**と呼ばれることもある．

また，放熱器表面と外気の間には放射と対流を利用した放熱もあり，熱伝導率，放射率などをあらかじめ加味し設計するのが一般的である．放射率は物性値ではないが，一般的には表面処理されたアルミニウムの表面であれば 0.8 程度，黒色に塗装された表面であれば，0.9 程度であることが知られている．

表 5・2 に各種代表的な材料の熱伝導率を示す．

表 5・2 固体および金属の熱伝導率

材 料	$\lambda[\mathrm{W}/(\mathrm{m}\cdot\mathrm{K})]$
アルミニウム	236
鉄	83.5
銅	420
アクリル	0.17-0.25
ポリカーボネート	0.19-0.22
ポリスチレン	0.08-0.12
ガラス	0.6

〔**5**〕 **装飾的機能**

意匠を目的とするものであり，前述の材料以外に竹，木，磁器，紙，布など，家屋の内装材に使用されるものはほぼすべて対象となる．

第 5 章　照明器具

5.2.2　照明器具の分類

　照明器具の種類は多岐にわたり，それらを一義的に分類するのは容易ではない．一般的に**表 5・3** のような光源による分類に加えて，①光学特性（配光），②機能，③器具形状（取付け），④目的の 4 つで分類されることが多い．ここでは，比較的使用される頻度の多い代表的な分類である，光学特性による分類と機能，器具形状などによる分類を紹介する．

表 5・3　照明器具の光源の分類と代表例

	代表例				
	LED 用			電球用	蛍光ランプ	HID ランプ
	一体型	分類型		既存ランプ		
光源		ランプ（口金付き）	GX16t-5 直管 LED ランプ	電球	蛍光ランプ	HID ランプ
		その他の光源（口金付以外）	LED モジュール	レトロフィットランプ※		
				電球形 LED ランプ｜ハロゲン電球形 LED ランプ	G13 直管 LED ランプ	HID 代替 LED ランプ

※照明器具の改造をせず利用できるランプ．定義：IEC（国際電気標準会議）規格 IEC62776 による．レトロフィットランプの使用には制限がある．また，照明器具には適合したランプを使用する必要がある．

〔1〕　光学特性による分類

　照明器具からどのように光が出るかは，照明器具を選定する上で大切である．どの方向にどの程度光が出ているか，どの位置に取り付けるかを合わせて検討して目的に合った照明を得る必要がある．

　照明器具の各方向に対する光度の変化または分布を**配光**といい，照明器具の光学特性は，この配光に基づき分類されることが多い．国際照明委員会では，**表 5・4** のように上半球光束と下半球光束の比から一般的な分類方法を決めている．なお，表中に分類された照明器具を用いる照明を，それぞれ直接照明，半直接照明，全般拡散照明，半間接照明，間接照明という．

　投光器，スポットライトなど指向性のある照明器具のランプからの光の広がりを**ビーム角**という．**図 5・12** に示すように光度値が最大光度の 1/2 の光度また

102

表 5・4　照明器具の配光と形状

国際分類	直接照明形	半直接照明形	全般拡散照明形	半間接照明形	間接照明形
配光　上半球光束	0〜10	10〜40	40〜60	60〜90	90〜100
配光　下半球光束	100〜90	90〜60	60〜40	40〜10	10〜0
配光曲線	（配光曲線図）	（配光曲線図）	（配光曲線図）	（配光曲線図）	（配光曲線図）
器具の形状	（器具図）	（器具図）	（器具図）	（器具図）	（器具図）
特徴	・照明率※が高い ・学校の執務室，教室など活動的な空間に適している ・上方への光がないため天井面が暗くなる	・天井の影を和らげる効果がある ・空間も広く感じられる照明となる	・空間全体を明るくできる	・雰囲気を重視した空間に適する ・作業面の明るさは，直接照明形と比べると低い	・雰囲気を重視した空間に適する ・照明率※が低い ・空間の反射率の影響が大きい

※光源の光束のうち基準面に入射する光束の割合

第 5 章　照明器具

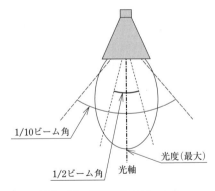

図 5・12　照明器具のビーム角

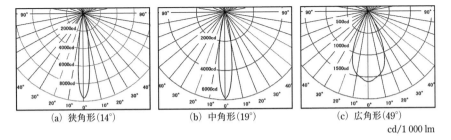

(a) 狭角形（14°）　　　(b) 中角形（19°）　　　(c) 広角形（49°）

cd/1 000 lm

図 5・13　指向性照明器具（ユニバーサルダウンライト）の配光例

は 1/10 の光度となる角度を 1/2 ビーム角，1/10 ビーム角という．なお，スポットライトやユニバーサルダウンライトなどの 1/2 ビーム角については，**図 5・13** に示すように日本照明工業会ガイド[2)]では，15°未満を狭角形，15°以上 30°未満を中角形，30°以上を広角形と表示することを推奨している．

〔2〕　**機能による分類**

　主な機能から分類すると**表 5・5** のようになる．一般用照明器具，屋外用照明器具については，電気用品安全法や JIS に安全要求や性能要求が規定されているが，非常時用照明器具あるいは防爆形照明器具については，次に示す特別な規定がある．

　非常時用照明器具については，日本照明工業会に技術基準がある．また安全・性能に関する基準は消防法施行令や建築基準法に定めがあり，保守管理についても厳しく取り締まるようになっている．

　一方，防爆形照明器具については労働安全衛生総合研究所制定の指針があり，

5.2 照明器具の構造と分類

表5・5 照明器具の機能に基づく分類

用途区分	種類	関連規格
照明器具全般		JIS C8105-1 照明器具—第1部：安全性要求事項通則 JIS C8105-3 照明器具—第3部：性能要求事項通則
一般用照明器具	ダウンライト	JIS C8105-2-2 埋込み形器具に関する安全性要求事項 JIS C8106 施設用LED照明器具・施設用蛍光灯器具
	天井埋込形器具	
	天井直付形器具	
	天井吊下げ形器具	
	壁付け形器具	
	スポットライト	
	スタンド	
屋外用照明器具	投光器	JIS C8113 投光器の性能要求事項 JIS C8105-2-5 投光器に関する安全性要求事項
	道路用器具 街路用器具	JIS C8105-2-3 道路及び街路照明器具に関する安全性要求事項 JIS C8105-2-13 地中埋込み形器具に関する安全性要求事項
非常時用照明器具	非常灯 誘導灯	JIS C8105-2-22 非常時用照明器具に関する安全性要求事項 JIL5501 非常用照明器具技術基準 JIL5502 誘導灯器具及び避難誘導システム用装置技術基準
特殊空間向け器具	防爆照明器具	JIS C60079 爆発性雰囲気で使用する電気機械器具 工場電気設備防爆指針-国際整合技術指針
	クリーンルーム用照明器具	
	高温環境用照明器具 低温環境用照明器具	

爆発性ガスの種類と発火温度の2点から分類されている．防爆形照明器具と非常時用照明器具については，これらを管理しているところで発行された認定証なり検定証のあるもの以外，使用できないことになっている．

なお，特殊用途照明器具については特に基準がないことが多いため，その環境に適合するよう設計する．例えば，高温環境の工場内照明器具では，放熱設計のほかに，電気部品であるコンデンサの温度特性を考慮して電源装置を器具本体から分離し，電源装置を工場外用とした設計とするなどである．

〔3〕 **器具形状による分類**

照明器具の形状は，誰でもわかりやすくイメージしやすいことから，照明器具メーカから使用者までよく使われる分類である．メーカ発行のカタログなどの公示物でも，形状別に掲載されていることが多い．代表例を**図5・14**に示す．これら照明器具は空間の目的や雰囲気，美観から選定される．

105

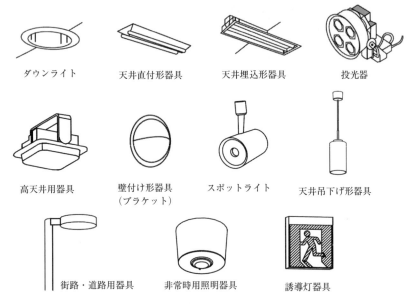

図 5・14　照明器具の形状による分類例

5.3 照明器具の寿命

5.3.1 耐用年限

　照明器具を長期間使用していると，部材の経年劣化などで器具に不具合が生じ始めるようになり，場合によっては漏電や火災のおそれも出てくる．この危険な状態を避けるため，日本照明工業会ガイド[3]では**耐用年限**を定めている．
　耐用年限には「適正交換時期」と「耐用の限度」が含まれ，一般的な使用条件

表 5・6　照明器具の耐用年限

適正交換時期[※1]	8〜10 年
耐用の限度[※2]	15 年

※1　器具の劣化が進み故障率が増加し始める段階
※2　器具の機能低下および劣化が進み，故障の有無に関係なく安全のため器具交換を必要とする段階

のもとでの安全性と経済性を考慮した耐用年限は**表5・6**のようになっている.

5.3.2 光束維持時間

　一般的に照明器具は，設置場所の周囲温度，電源電圧，点灯時間，使用方法などに影響を受け本体や部品が劣化する．LED 照明器具も同様だが，多くは搭載する LED モジュールの光束低下により寿命に至る[4]．そのため，日本照明工業会ガイド[4]では LED モジュールが実用に十分な明るさを維持している期間を「**光束維持時間**※」とし，有効に利用できる期間の目安としている.

※　JIS[5] では「定格メディアン光束維持時間」と表記されるが，日本照明工業会ガイド[4] では「定格メディアン光束維持時間」を「光束維持時間」と表示してもよいとしている.

第 5 章　照明器具

演習問題

下図はユニバーサルダウンライトの配光曲線とその光度値表である．この器具の 1/2 ビーム角と狭角，中角，広角のどのタイプとなるか答えよ．

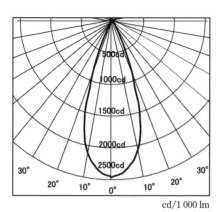

cd/1 000 lm

角度 [°]	光度値 [cd/1 000 lm]
0	2 460
1	2 440
2	2 430
3	2 420
4	2 400
5	2 370
6	2 340
7	2 300
8	2 260
9	2 220
10	2 160
11	2 100
12	2 030
13	1 950
14	1 850
15	1 750
16	1 620
17	1 500
18	1 350
19	1 110
20	1 030
21	900
22	770
23	650
24	540
25	450
26	370
27	300
28	240
29	200
30	170

※30° 以上は割愛

参考文献

1) 照明学会：照明ハンドブック（第 3 版），p. 112，p. 255，オーム社（2020）
2) 日本照明工業会ガイド A134（2024）：LED 照明器具性能に関する表示についてのガイドライン
3) 日本照明工業会ガイド A111（2024）：照明器具の耐用年限
4) 日本照明工業会ガイド A129（2024）：照明器具の耐用年限の啓発と安全確保のためのカタログ　取扱説明書等への表示ガイド
5) 日本産業標準調査会 JIS C 8105-3（2024）：照明器具-第 3 部　性能要求事項

第**6**章

照明計算

　照明計算は，測光や照明設計などを行う際の基本となる重要なものである．本章では，まず光源から放射される光の空間分布を表す配光と，配光から光源の全光束を計算する方法について述べる．次に，各種の形状を持つ光源から放射された光により生じる任意な点の照度の計算方法，さらに球面内と無限平行平面間における相互反射について説明する．

6.1 配 光

6.1.1 配光の表し方

配光は，光源が発散する光束を，光度の空間分布で表したものである．したがって，ある光源の配光特性を知ることにより，その光源の任意の方向の光度や光束はもちろん，さらには，全光束やその光源が照らす空間内の任意の点における照度などを求めることが可能になる．

配光を表す際の空間座標系に関する基本事項を以下に示す．**図6・1**に示すように，一つの仮想球で光源を包むように，その球の中心に光源を置いた場合を考える．球の中心，すなわち，光源の中心 O を**光中心**といい，光中心を通る鉛直軸（LON）を**灯軸**という．

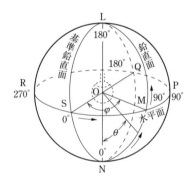

図6・1 配光の表し方

光源の直下を鉛直角 $\theta = 0°$ とし，直上を $\theta = 180°$ にとる．このとき，灯軸と垂直に交わり光中心を含む水平面の鉛直角は $\theta = 90°$ である．また，灯軸を含む一つの基準鉛直面からほかの鉛直面までのなす角を水平角（φ）という．

この仮想球の中心を含む鉛直面上の配光を**鉛直配光**といい，鉛直角 θ とその方向の光度 $I(\theta)$ との関係を表す．また，仮想球の中心を含む水平面上の配光を**水平配光**といい，水平角 φ とその方向の光度 $I(\varphi)$ との関係を表す．**図6・2**に，鉛直配光と水平配光の例として，軸を鉛直方向にとった直線光源の場合を示す．

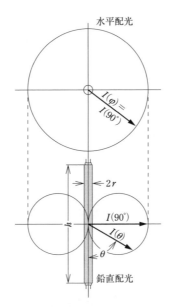

図 6・2　直線光源の鉛直配光と水平配光

なお，1つの鉛直配光を，灯軸を軸として水平角で360°回転した配光，すなわち，すべての水平角における鉛直配光が等しい配光を**対称配光**といい，水平角によって鉛直配光が異なる配光を**非対称配光**という．

また，大円より上部の光束を**上半球光束**，下部の光束を**下半球光束**，両者を合わせると光源の**全光束**となる．

6.1.2　簡単な幾何学的光源の配光

〔1〕　球面（点）光源

半径 a の球はどの方向から見ても，その面積 $S(\theta) = \pi a^2$ で一定の平円板に見える．光源の輝度が一様で L の値を有するならば，鉛直角 θ 方向の光度 $I(\theta)$ は

$$I(\theta) = LS(\theta) = L\pi a^2 \tag{6・1}$$

となり，角 θ について一定で，その鉛直配光は**図 6・3** のように $I(0) = L\pi a^2$ を半径とする円で示される．

〔2〕　平面板光源

面は多角形でも円でも平面であればよい．そして平面板の片面だけが輝いてい

第6章　照明計算

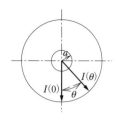

図6・3　球面（点）光源の配光

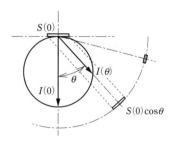

図6・4　平面板光源の配光

るものとする．

平面の法線方向の投影面積を $S(0)$ とすれば，これと鉛直角 θ をなす方向の投影面積は $S(0)\cos\theta$ で与えられる．光源が一様な輝度 L を有する場合，θ 方向の光度 $I(\theta)$ は

$$I(\theta) = LS(0)\cos\theta = I(0)\cos\theta \quad [I(0) = LS(0)] \tag{6・2}$$

で与えられる．鉛直配光は**図6・4**に示すように，平面板に接する $I(0)$ を直径とする円となる．

〔3〕　直線光源

軸を鉛直にした直線光源の見掛けの面積は，**図6・5**の上部の図に示すように，

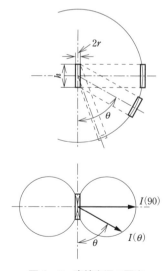

図6・5　直線光源の配光

$\theta = 90°$ における水平方向の場合が最大で $(2r \times h)$ となる．この場合の面積を $S(90)$ とすると，鉛直角 θ に対応する面積は $S(\theta) = S(90)\sin\theta$ となる．したがって $\theta = 90°$ のときの光度を $I(90)$ ($= LS(90)$) とすれば，θ 方向の光度は光源の投影面積に比例し

$$I(\theta) = I(90)\sin\theta \tag{6・3}$$

となる．これは，図 6・5 の下部の図のように，$I(90)$ を直径とする円で示される．

〔4〕 半球面光源

半径 a の半球面光源が，その底平面を上面にし，この部分は発光しないで球面のみ輝いている場合を考える．鉛直角 θ に対する光源の投影面積 $S(\theta)$ は図 6・6 の上部の図のように変化し，一般に

$$S(\theta) = \frac{1}{2}\pi a^2 + \frac{1}{2}\pi a^2 \cos\theta = \frac{1}{2}\pi a^2(1 + \cos\theta) \tag{6・4}$$

で示される（$\theta > 90°$ で $\cos\theta$ は負の値をとるから）．

したがって，鉛直角 θ に対する光度 $I(\theta)$ は

$$I(\theta) = LS(\theta) = \frac{1}{2}\pi a^2 L(1 + \cos\theta)$$

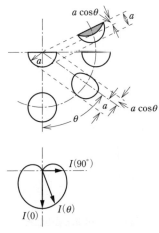

図 6・6 半球面光源の配光

$$= I(90)(1 + \cos\theta) \quad \left[I(90) = \frac{1}{2}\pi a^2 L\right] \tag{6・5}$$

であり，鉛直配光はハート形となる．

〔5〕 円環光源

半径 a の円環光源を水平に置いたとき，$\theta = 0°$ の方向では完全な円環に見え，その方向の光度 $I(0)$ は $I(0) = 2\pi a L_l$ である．ここに，L_l は円環の単位長さ当たりの輝度である．$\theta = 90°$ の方向では，環形蛍光ランプのように管に太さがある場合，光源は前後部が重なって $2a$ の直管に見え，その方向の光度は $I(90°) = 2aL_l$ となる．しかし，フィラメントのような細線による円環光源の場合，$\theta = 90°$ の前後では長さ $2a$ の 2 本の線が並んで見えるので，光度はほぼ $I(90°) = 4aL_l$ とみなすことができる．

管の太さを微小とみなした幾何学的円環光源では，鉛直角 θ に対応する円環の投影形状は，長径 $2a$，短径 $2a\cos\theta$ の楕円になる．よって，この場合の円環の周囲長 $l(\theta)$ は $l(\theta) = 4aE(\sin\theta)$*1 であり，その方向の光度 $I(\theta)$ は

$$I(\theta) = l(\theta)L_l = 4aE(\sin\theta)L_l \fallingdotseq I(90°)E(\sin\theta) \tag{6・6}$$

となる．その鉛直配光は**図 6・7**に示すように「まゆ」形となる．

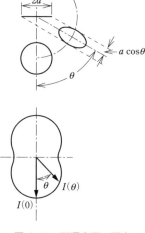

図 6・7　円環光源の配光

---

*1　$E(\sin\theta)$ は母数 $\sin\theta$ の第 2 種完全楕円積分である．

6.2 光束計算法

6.2.1 全光束の一般式

図 6・8 において，仮想球面上の微小面積 dS は

$$dS = Rd\theta R\sin\theta d\varphi = R^2 \sin\theta d\theta d\varphi \tag{6・7}$$

で与えられるから，この dS の作る立体角 $d\Omega$ 内に光度 $I(\theta, \varphi)$ の光源があると，$d\Omega$ 内の光束 $d\Phi$ は

$$d\Phi = I(\theta, \varphi)d\Omega = I(\theta, \varphi)\frac{R^2}{R^2}\sin\theta d\theta d\varphi = I(\theta, \varphi)\sin\theta d\theta d\varphi \tag{6・8}$$

である．よって，仮想球面全体が受ける光源の全光束 Φ は次式で与えられる．

$$\Phi = \oint d\Phi = \int_{\phi=0}^{2\pi}\int_{\theta=0}^{\pi} I(\theta, \varphi)\sin\theta d\theta d\phi \tag{6・9}$$

ここで，対称配光の場合には，いずれの水平角 φ においても鉛直配光が等しいので，$I(\theta, \varphi) = I(\theta)$ である．よって，対称配光の場合の全光束 Φ は

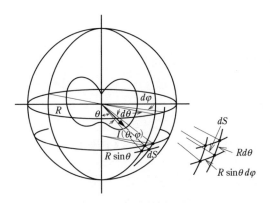

図 6・8　球面上の微小面積

第 6 章　照明計算

$$\Phi = 2\pi \int_0^\pi I(\theta) \sin\theta \, d\theta \tag{6・10}$$

となる.

6.2.2 対称配光光源

〔1〕　**配光の式が与えられる場合**

　対称配光の場合には，鉛直配光 $I(\theta)$ の式が与えられると，式（6・10）を使って，比較的簡単にその全光束を求めることができる.

　以下に，前節で求めた簡単な幾何学的光源の全光束 Φ を示す.

(a)　球面（点）光源　　式（6・1）を式（6・10）へ代入して

$$\Phi = 2\pi \int_0^\pi L\pi a^2 \sin\theta \, d\theta = 4\pi I(0) \quad [I(0) = L\pi a^2] \tag{6・11}$$

　なお，この光源は半径一様な球状の配光をしているので，$I(\theta) = I(0)$ の点光源と考えることができる. それゆえ，球の立体角 $\Omega = 4\pi$ を利用して，$\Phi = 4\pi I(0)$ を得ることもできる.

(b)　平面板光源

$$\Phi = 2\pi \int_0^{\pi/2} I(0) \cos\theta \sin\theta \, d\theta = \pi I(0) \tag{6・12}$$

(c)　直線光源

$$\Phi = 2\pi \int_0^\pi I(90) \sin^2\theta \, d\theta = \pi^2 I(90) \tag{6・13}$$

(d)　半球面光源

$$\Phi = 2\pi \int_0^\pi I(90)(1 + \cos\theta) \sin\theta \, d\theta = 4\pi I(90) \tag{6・14}$$

(e) 円環光源

$$\Phi = 2\pi \int_0^\pi 4aE(\sin\theta)L_1 \sin\theta\, d\theta \fallingdotseq 58.6aL_1 \qquad (6\cdot15)$$

〔2〕 配光の式が与えられない場合

　一般に，ある光源の全光束を知りたい場合，その光源の配光の式が与えられることは少ない．対称配光であることを前提とすれば，鉛直面のいくつかの方向の光度を実測して近似計算を行うのが現実的である．そのような場合に利用される方法を以下に示す．

(a) 球帯係数法　

鉛直配光 $I(\theta)$ が θ に対してその変化が緩慢であれば $2\pi\sum_0^\pi I(\theta)\sin\theta\Delta\theta$ として適当な幅の球帯ごとに，その中間の $I(\theta)$ に $2\pi\sin\theta\Delta\theta$ を乗じて加算することができる．なお，球帯とは**図 6・9** に示すように，球面において軸に垂直な 2 平面に挟まれる帯状の部分をいう．

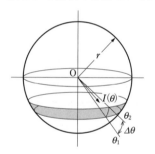

図 6・9　球　帯

　式 (6・10) における $2\pi\sin\theta d\theta$ に r^2 を掛けた $2\pi r\sin\theta \cdot r d\theta$ は微小角 $d\theta$ が作る球帯の表面積を与える．それゆえ，立体角の定義により，$2\pi\sin\theta d\theta$ はその球帯の立体角に相当する．よって，図 6・9 に示されるような鉛直角 θ_1 から θ_2 ($\theta_2 > \theta_1$) の $\Delta\theta$ 幅の球帯の立体角 Ω は

$$\Omega = 2\pi\int_{\theta_1}^{\theta_2} \sin\theta\, d\theta = 2\pi(\cos\theta_1 - \cos\theta_2) \qquad (6\cdot16)$$

である．これを球帯係数としてあらかじめ計算しておいて，これにその中央の角度 $\theta = (\theta_1 + \theta_2)/2$ に対応する光度 $I(\theta)$ を乗じるとその球帯部分の光束 $\Phi_{\theta_1-\theta_2}$

第 6 章　照明計算

を得ることができる．よって，鉛直角 $0° \leqq \theta \leqq 180°$ を n 個の球帯に分け，各係数を $k_i(= \Omega_i)$，光度を $I(\theta_i)$ で表すと全光束 Φ は

$$\Phi = \sum_{i=1}^{n} k_i I(\theta_i) \qquad (6 \cdot 17)$$

で与えられる．

球帯係数を $10°$ ごとに計算した例を**表 6・1** に示す．

表 6・1　球帯係数（10° 間隔）

$I(\theta)$ を測定すべき方向	5° 175°	15° 165°	25° 155°	35° 145°	45° 135°	55° 125°	65° 115°	75° 105°	85° 95°	
$I(\theta)$ に乗ずべき係数	0.0955	0.283	0.463	0.628	0.774	0.897	0.993	1.058	1.091	
$I(\theta)$ を測定すべき方向	0° 180°	10° 170°	20° 160°	30° 150°	40° 140°	50° 130°	60° 120°	70° 110°	80° 100°	90° 90°
$I(\theta)$ に乗ずべき係数	0.0239	0.1902	0.3746	0.5476	0.7040	0.8390	0.9485	1.029	1.079	1.095

(b)　平均法　　球帯係数法では $I(\theta)$ によって係数が異なり，計算に煩雑さを伴う．この係数が一定になるようにした方法として平均法がある．

今，簡単のために半径 1 の球において鉛直角 $0° \leqq \theta \leqq 90°$ の下半球だけを考える．光中心を原点とした直角座標系として，灯軸方向に鉛直角の $1 - \cos\theta$ をとり，その縦軸と直角方向に各鉛直角に対応した光度 $I(\theta)$ をとる（**図 6・10** の(b)（c）参照）．

式 (6・16) の立体角 $\Omega = 2\pi(\cos\theta_1 - \cos\theta_2)$ における $(\cos\theta_1 - \cos\theta_2)$ は縦軸上で鉛直角 $\theta_1 - \theta_2$ に対応した区間長（球帯を形成している 2 平面間の距離）を表す．下半球部分（$\theta_1 = 0°$，$\theta_2 = 90°$）を $n/2$ 等分すれば，各区間の立体角は $\Omega = 4\pi/n$ となる．残りの上半球についても同様に扱えば，球全体では直径を n 等分し，また，各区間の平均光度を $I(\theta_1), I(\theta_2), \cdots, I(\theta_n)$ とすれば，各区間 i の光束は $\dfrac{4\pi}{n} I(\theta_i)$ となるので，全光束 Φ は式 (6・17) と同様

$$\Phi = \frac{4\pi}{n} \sum_{i=1}^{n} I(\theta_i) = 4\pi \left[\frac{1}{n} \{ I(\theta_1) + I(\theta_2) + \cdots + I(\theta_n) \} \right] \qquad (6 \cdot 18)$$

6.2 光束計算法

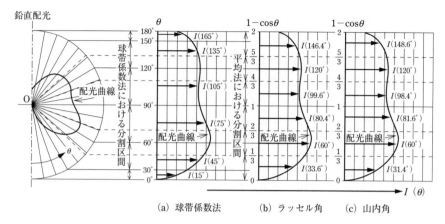

(a) 球帯係数法　　(b) ラッセル角　　(c) 山内角

図6・10　球帯係数法と平均法における分割区間とその平均光度（$n = 6$）
（球帯係数法の区間は0°から30°間隔）　→：区間の平均光度

となる．

各区間の平均光度を与える角度として，区間の中点の角度をとったものを**ラッセル角**という．$n = 20$の場合を**表6・2**に示す．

一方，平均光度を与える角度として，各種形状の配光曲線に対して誤差が極力小さくなる角度を求めた山内二郎博士によるものがある．この角度は**山内角**と呼ばれラッセル角を用いた場合より精度がよい．**表6・3**に$n = 20$の場合を示す．

また，この山内角による実用的な式として，$n = 6$の場合が提案されている．

正確な角度は31.4°，60.0°，81.6°，98.4°，120.0°，148.6°となるが，これを丸めた角度を用いた次式は簡便で実用上便利である．

$$\Phi = 2.1\{I(30°) + I(60°) + I(80°) + I(100°) + I(120°) + I(150°)\}$$

(6・19)

ここで，$2.1 \fallingdotseq 4\pi/6$である．

表6・2　ラッセル角〔°〕

18.2	31.8	41.4	49.5	56.6	63.3	69.5	75.5	81.4	87.1
161.8	148.2	138.6	130.5	123.4	116.7	110.5	104.5	98.6	92.9

表6・3　山内角〔°〕

16.6	32.5	41.4	49.0	57.2	62.7	69.9	75.5	81.0	87.6
163.4	147.5	138.6	131.0	122.8	117.3	110.1	104.5	99.0	92.4

第6章 照明計算

つまり，30°, 60°, …, 150° の6方向の光度さえわかれば全光束が求められる．

この近似式の精度は，前節で求めた平面板の光度を表す関数 $\cos\theta$ で +2.7% の誤差，直線光源の $\sin\theta$ では −0.2% の誤差である．

ここで，平均光度について考えてみる．図6・10は球帯係数法と平均法における分割区間とその平均光度との関係を，$n=6$ の場合を例にとって示したものである．球帯係数法とラッセル角の場合，平均光度は各区間の中点の角度に対応した光度で代表されているが，山内角は微妙に異なっている．

平均光度とは，ある区間の光度の平均値であるから，配光がその区間で直線的に変化しているなら平均値をとる位置は区間の中点となる．しかし，曲線である場合にはそうとは限らない．よって，平均光度を区間の中点における光度で代表させる場合，緩やかに変化する曲線であっても区間が広いか狭いかで平均値は異なってくる．球帯係数法では等角度の球帯に分割しているので，90° に近い区間では広く，0° や 180° に近い区間では狭くなり，立体角が変化するので誤差は大きくなる．一方，等立体角の球帯に分割している平均法は，光度の定義から考えてみても，分割方法として適しており，誤差は等角度分割法より小さくなる．

なお，山内角は曲線に関する平均値算出法を用いて，種々の曲線に対してできるだけ誤差が小さくなる角度として求められたものである．

6.2.3 非対称配光光源

非対称な配光を表す方法の一つとして**等光度図**がある．

これは，光源の光中心を中心とする一つの球面上に水平角および鉛直角でできる網目状の座標系を作り，その座標上に光度分布を表現したものである．すなわち，この球面の座標上に各方向の光度を記入して，その光度の等しい点を結んだ等光度線を描き，その球面を平面に展開して作った配光図である．球面を平面に展開する場合，網目に囲まれた面積が立体角に比例するように工夫すれば，等光度図上の面積に，その方向の光度を乗じれば，その方向の光束が得られる．

等光度図の全面積は立体角 2π に相当するから，これを網目の数で割ったものが，一つの網目の表す立体角を与える．この展開法に正弦等光度図と円等光度図がある．

〔1〕 正弦等光度図

ベンフォード（Frank A. Benford）の考案によるものである．一般に微小立体

120

角 $d\Omega$ が等光度図上 $d\Omega = \sin\theta d\theta d\varphi$ で示されるから，正弦等光度図では網目を

$$x = \left(\varphi - \frac{\pi}{2}\right)\sin\theta, \quad y = \theta - \frac{\pi}{2} \qquad (6\cdot20)$$

にとって描いたものである．

ここで，θ は鉛直角，φ は水平角である．

式（6・20）より

$$dx = \sin\theta d\phi, \quad dy = d\theta \qquad (6\cdot21)$$

となるから，網目の微小面積 $dxdy$ は

$$dxdy = \sin\theta d\phi d\theta = d\Omega \qquad (6\cdot22)$$

となり，立体角に比例する．

　この正弦等光度図は，全球面を縦に二等分した半球を表しており，上下両半球の配光が一目で見ることができる．多くの光源は左右ほぼ対称であるので正弦等光度図で表せる．例えば，**図 6・11** に示す配光特性を有する光源に関しては，**図 6・12** に示すような正弦等光度図が得られる．

　なお，例として取り上げた図 6・11 の下部の図は 40 形蛍光ランプ 1 灯用金属

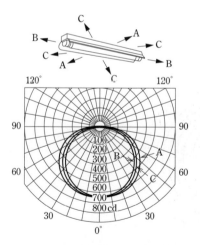

図 6・11 40 形蛍光ランプ 1 灯用金属反射がさの配光

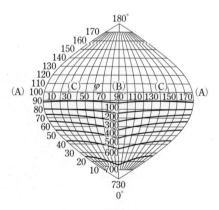

図 6・12 図 6・11 の配光の正弦等光度図

反射がさの配光を表しており，同図上部の器具図は鉛直配光の配光断面の方向を示している．配光断面のA-A断面はランプ中央の光中心を通るランプ長軸と直角の鉛直面，B-B断面は長軸を含む鉛直面，C-C断面は長軸と45°の角度を持つ鉛直面である．同図下部の配光図並びに図6・12の図中におけるA，B，Cはそれぞれの配光断面に対応した光度並びに位置を示している．

〔2〕 円等光度図

山内二郎博士の考案によるもので，球面上の鉛直角 θ と水平角 φ の座標系を平面の極座標系に変換した円形の図で表現される．球面に描かれた等光度線を灯軸の真上から，あるいは真下から眺めたようなものである．一般に，全球面を上下別々の半球に分けて扱う．

極座標で動径を r ，径角を φ とすると，微小面積は $rdrd\varphi$ である．これを等光度図の円の大きさに応じて立体角 $d\Omega$ に比例するようにすると

$$krdrd\varphi = d\Omega = \sin\theta d\theta d\varphi \quad (k \text{ は任意の定数}) \tag{6・23}$$

よって $rdr = \left(\dfrac{1}{k}\right)\sin\theta d\theta$ より動径 r は

$$r = \sqrt{2} \cdot k' \sin\frac{\theta}{2} \quad (k' \text{ は任意の定数}) \tag{6・24}$$

となる．なお，定数 k' は円等光度図の半径である．

ここで最大動径 = 1 の円等光度図を想定すれば

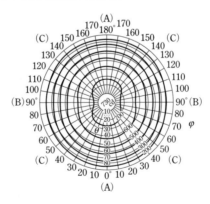

図6・13　図6・11の配光の円等光度図

$$r = \sqrt{2} \sin\frac{\theta}{2} \qquad (6 \cdot 25)$$

で表すことができ，円等光度図は，径角を ϕ，動径を $r = \sqrt{2}\sin(\theta/2)$ にとった網目である．この座標系に図 6・11 の配光を表示すると**図 6・13** に示す円等光度図となる．図中における A，B，C はそれぞれの配光断面に対応した光度並びに位置を示している．

6.3 点光源および線光源による直接照度

6.3.1 点光源による直接照度

　点光源による直接照度は，逆 2 乗の法則と入射角余弦法則とを適用して求める．**図 6・14** において，点 O 上，高さ h に点光源 L があり鉛直角 θ 方向の光度が $I(\theta)$ で，その光の方向で距離 p 離れた点 P での照度を考える．点 O と点 P は同一水平面上の点である．光の方向に垂直な面の照度を**法線照度**（E_n），水平面の照度を**水平面照度**（E_h），鉛直面の照度を**鉛直面照度**といい，鉛直面照度のうち OP と垂直な鉛直面の鉛直面照度を E_v，OP と水平角 α をなす方向と垂直な鉛直面の照度を $E_{v\alpha}$ で表す．これらの照度は次のように求めることができる．

$$\text{法線照度}: E_n = \frac{I(\theta)}{p^2} = \frac{I(\theta)\cos^2\theta}{h^2} \qquad (6 \cdot 26)$$

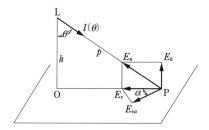

図 6・14　点光源による直接照度

第6章　照明計算

$$水平面照度：E_h = E_n \cos\theta = \frac{I(\theta)\cos^3\theta}{h^2} \qquad (6\cdot27)$$

$$鉛直面照度：E_v = E_n \sin\theta = \frac{I(\theta)\sin\theta\cos^2\theta}{h^2} \qquad (6\cdot28)$$

$$鉛直面照度：E_{v\alpha} = E_v \cos\alpha = \frac{I(\theta)\sin\theta\cos^2\theta\cos\alpha}{h^2} \qquad (6\cdot29)$$

6.3.2　線光源による直接照度

　線光源では，その微小な長さ dl について点光源として計算し，これを全長について積分するという方法をとる．また，直接照度を求めようとする被照点の位置を，線光源の一端を含み長さ方向と垂直な鉛直面内にとって考える．

〔1〕　水平直線光源の場合

　図 6・15 に示すように，長さ L に比して太さを無視できる均等拡散性の円柱状直線光源が水平に置かれている場合について，光源の一端を含む鉛直面内の点 P における照度を求める．

　光源の単位長さ当たりの光度で，光源の軸に垂直方向の光度を I とする．配光は図 6・15 の上部に示すようになるから，光源の微小部分 dl の点 P 方向の光度は $Idl\cos u$ となり，これによる点 P の法線照度 dE_n は

$$dE_n = \left(\frac{Idl\cos u}{r^2}\right)\cos u = \frac{Idl\cos^2 u}{r^2} \qquad (6\cdot30)$$

となる．したがって全長 L なる光源による法線照度 E_n は

$$E_n = \int dE_n \qquad (6\cdot31)$$

で示される．ここで

124

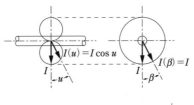

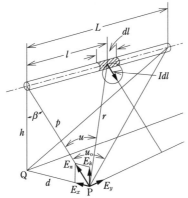

図 6・15　直線光源による照度

$$\left.\begin{array}{l} l = p \tan u \\ \therefore \quad dl = p \sec^2 u \, du \\ r = p \sec u \end{array}\right\} \tag{6・32}$$

を代入すれば

$$\begin{aligned} E_n &= \frac{I}{p} \int_0^{u_0} \cos^2 u \, du \\ &= \frac{I}{2p} \left[u + \frac{\sin 2u}{2} \right]_0^{u_0} \\ &= \frac{I}{2p} (u_0 + \sin u_0 \cos u_0) \end{aligned} \tag{6・33}$$

である.

点 P の水平面照度 E_h, 鉛直面照度 E_x はそれぞれ

$$E_h = E_n \cos \beta, \qquad E_x = E_n \sin \beta \tag{6・34}$$

である．また

$$u_0 = \tan^{-1}\frac{L}{p}, \qquad p = \sqrt{h^2 + d^2} \tag{6・35}$$

$$\sin u_0 = \frac{L}{\sqrt{p^2 + L^2}}, \qquad \cos u_0 = \frac{p}{\sqrt{p^2 + L^2}} \tag{6・36}$$

$$\sin\beta = \frac{d}{\sqrt{h^2 + d^2}}, \qquad \cos\beta = \frac{h}{\sqrt{h^2 + d^2}} \tag{6・37}$$

であるので

$$E_n = \frac{I}{2}\left(\frac{L}{h^2 + d^2 + L^2} + \frac{1}{\sqrt{h^2 + d^2}}\tan^{-1}\frac{L}{\sqrt{h^2 + d^2}}\right) \tag{6・38}$$

$$E_h = \frac{h}{\sqrt{h^2 + d^2}}E_n, \qquad E_x = \frac{d}{\sqrt{h^2 + d^2}}E_n \tag{6・39}$$

となる．

　光源の軸に平行な方向の鉛直面照度 E_y は，微小光源による照度

$$dE_y = \left(\frac{Idl\cos u}{r^2}\right)\sin u \tag{6・40}$$

から

$$E_y = \int dE_y \tag{6・41}$$

となり，この式を変形して

$$E_y = \frac{I}{p}\int_0^{u_0}\cos u \sin u\, du = \frac{I}{p}\left[\frac{1}{2}\sin^2 u\right]_0^{u_0} = \frac{I}{2p}\sin^2 u_0 \tag{6・42}$$

である．$\sin^2 u_0$ を寸法 p，L で表すと

$$E_y = \frac{I}{2p}\cdot\frac{L^2}{p^2 + L^2} \tag{6・43}$$

となる.

以上は，被照点 P が光源の一端を含む鉛直面上にある場合の照度として求めたが，被照点 P が**図 6・16** のように光源端を含む鉛直面上にない場合は，光源部を L_1 と L_2 とに分けて次のように計算するとよい．

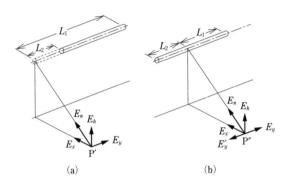

図 6・16　被照点が光源端を含む平面上にない場合

図 6・16（a）のように，光源の一端から距離 L_2 離れた鉛直面内の被照点 P′ の照度は，L_2 の部分にも光源があるものとして，長さ L_1 と L_2 による照度を求めて引き算をすればよい．各成分の照度は次式によって求められる．

$$\left.\begin{array}{l} E_n = E_{n1} - E_{n2} \\ E_h = E_{h1} - E_{h2} \\ E_x = E_{x1} - E_{x2} \\ E_y = E_{y1} - E_{y2} \end{array}\right\} \tag{6・44}$$

また，同図（b）のように，光源の中間の一点を通る鉛直面内の被照点 P″ の照度を求める場合には，光源部を L_1 と L_2 とに分けてそれぞれの照度を求めて，E_y と E'_y 以外は加算すればよい．各成分の照度は次式によって求められる．

$$\left.\begin{array}{l} E_n = E_{n1} + E_{n2} \\ E_h = E_{h1} + E_{h2} \\ E_x = E_{x1} + E_{x2} \\ E_y = E_{y1} \\ E'_y = E_{y2} \end{array}\right\} \tag{6・45}$$

一方，直線光源が鉛直に立った鉛直直線光源の場合は，図6·15において辺 p, d, h を含む面を被照面として扱い，後は水平直線光源の計算方法をそのまま適用すればよい．結果は，E_y が水平面照度，E_x, E_n および E_h が鉛直面照度となる．

〔2〕 水平リボン状光源の場合

リボン状光源が直線光源と異なるのは，図 6·17 の上部に示すように，角 β に関する配光が一定でないことである．配光は $I\cos\beta$ を直径とする円となり，角 u が変われば u 方向の光度は $I\cos\beta\cos u$ となる．一方，同図下部に示すように角 θ をとれば，θ 方向の光度は $I\cos\theta$ で与えられる．

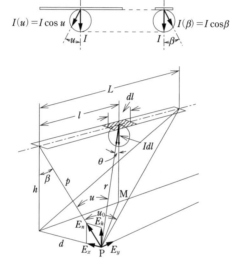

図 6·17 リボン状光源による照度

よって，図 6·17 に示すように，点 P が光源の一端を含む鉛直面内にあるものとすると，dl なる微小光源による点 P 方向への光度が $Idl\cos\theta$ であるから，点 P における法線照度 dE_n は

$$dE_n = \frac{Idl\cos\theta\cos u}{r^2} \tag{6·46}$$

で，光源全体による点 P の法線照度 E_n は

$$E_n = \int \frac{Idl\cos\theta\cos u}{r^2} \tag{6.47}$$

である．ここで

$$r = \frac{p}{\cos u'} dl = p\sec^2 u\,du, \qquad \cos\theta = \frac{h}{r} \frac{h\cos u}{p} \tag{6.48}$$

を代入して

$$E_n = \frac{Ih}{p^2}\int_0^{u_0}\cos^2 u\,du = \frac{Ih}{p^2}\cdot\frac{1}{2}(u_0 + \sin u_0\cos u_0) \tag{6.49}$$

または

$$E_n = \frac{Ih}{2p^2}\left(\frac{Lp}{p^2 + L^2} + \tan^{-1}\frac{L}{p}\right) \tag{6.50}$$

で示される．

また，$E_h = E_n\cos\beta$，$E_x = E_n\sin\beta$ である．

鉛直面照度 E_y は，照度 dE_y が $Idl\cos\theta\sin u/r^2$ であることから

$$E_y = \int \frac{Idl\cos\theta\sin u}{r^2} \tag{6.51}$$

となり，これを変形して

$$E_y = \frac{Ih}{p^2}\int_0^{u_0}\cos\theta\sin u\,du$$

$$= \frac{Ih}{2p^2}\sin^2 u_0$$

$$= \frac{Ih}{2p^2}\cdot\frac{L^2}{p^2 + L^2} \tag{6.52}$$

となる．

このように，水平リボン状光源についても，配光の違いこそあれ，水平直線光

源と同様，光源の一端を含む鉛直面内に被照点をとってその点の直接照度を求めることができる．それゆえ，被照点が光源の一端を含む鉛直面内にない場合は，図6・16を使って説明した直線光源の場合と同様に，式 (6・44) と式 (6・45) によって求めればよい．

同じく，リボン状光源が鉛直方向に立っている場合の照度についても，直線光源の場合と同じ考え方を適用すればよく，結果は E_y が水平面照度，E_x, E_n および E_h が鉛直面照度となる．

6.4　面光源による直接照度

ある大きさを持った光源からの直接照度を求めるには，光源を均等拡散性と仮定し，面光源を微小な面素に分割して計算を行い，さらに全面積について積分する方法で行う．計算方法としては，立体角投射法，境界積分法などがある．

6.4.1　立体角投射法

図6・18のように被照面上での測定点Pからpの距離に，面光源S_0が点Pの鉛直面と角βをなして置かれている場合の点Pでの照度を求めてみる．

面光源S_0中に微小面光源dS_0を考える．この光源の法線方向の輝度をLとすると法線方向の光度は$dI = LdS_0$となる．点Pとなす角をαとすれば，点P方向

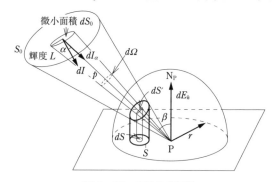

図6・18　立体角投射法

の光度は $dI_\alpha = dI\cos\alpha = LdS_0\cos\alpha$ である．よって点 P の法線照度 dE_n および水平面照度 dE_h は

$$dE_n = LdS_0\frac{\cos\alpha}{p^2}$$

$$dE_h = dE_n\cos\beta = LdS_0\cos\alpha\frac{\cos\beta}{p^2}$$

$$(6\cdot53)$$

となる．式中の $dS_0\cos\alpha/p^2$ は微小面光源 dS_0 が点 P を頂点とする錐体の立体角 $d\Omega$ であり，点 P を中心とした単位球 $r=1$ を仮定すると球面上にこの錐体が切り取る面積 dS' に等しくなる．よって水平面照度は式（6・54）のように表せる．

$$dE_h = Ld\Omega\cos\beta = LdS'\cos\beta \tag{6・54}$$

次に半球面上での dS' の被照面上への正射影 dS は $dS = dS'\cos\beta$ となる．したがって，面光源全体による水平面照度 E_h は

$$E_h = \int_{S_0} Ld\Omega\cos\beta = \int_{S'} LdS'\cos\beta = \int_S LdS \tag{6・55}$$

と求めることができる．

ここで，面光源の輝度が一様ならば

$$E_h = \int_S LdS = L\int_S dS = LS \tag{6・56}$$

となり，照度は面光源の輝度 L と，面光源 S_0 が点 P を頂点とする錐体の単位球体面上で切る面積 S' の被照面上の正射影 S との積で示される．

この方法は，$d\Omega\cos\beta$ が立体角 $d\Omega$ の正射影面積 dS となることから**立体角投射の法則**という．

6.4.2 境界積分法

面光源の周辺に沿って線積分を行い，水平面照度を計算する方法である．

図 6・19 のように面光源 S_0 の周辺に沿う微小線分 dl_0 の点 P に張る角を $d\gamma$ とし，点 P を中心とした単位球 $r=1$ の球面上での微小線分を dl' とすると

第6章 照明計算

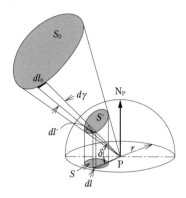

図6・19 境界積分法

$$dl' = r \times d\gamma = d\gamma \tag{6・57}$$

$$\text{P-}dl' \text{で作る三角形の面積} = \frac{r \times d\gamma}{2} = \frac{d\gamma}{2}$$

ここで，dl' の被照面上への正射影を dl，三角形 P-dl' と被照面とのなす角を δ とすると

$$\text{P-}dl \text{で作る三角形の面積} = d\gamma \cos\frac{\delta}{2} = dS$$

となる．よって

$$S = \oint_{dl} dS = \oint_{dl} \frac{d\gamma \cos\delta}{2} \tag{6・58}$$

となるから，立体角投射の法則により点 P の水平面照度 E_h は

$$E_h = LS = L \oint \frac{d\gamma}{2} \cos\delta = \frac{L}{2} \oint \cos\delta \, d\gamma \tag{6・59}$$

と求めることができる．

この方法は，線積分 $\oint dl$ の応用で，これを**境界積分の法則**という．

図6・20 に示すような輝度 L の多角形面光源の場合には，周辺を n 分割し，境界積分法によって解くことが一般的である．

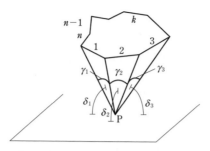

図6・20 水平にある多角形面光源による照度（境界積分法）

k 番目の辺が点 P を原点としてできる三角形の張る角を γ_k，なす角を δ_k とすれば，これによる点 P での水平面照度は各三角形の積分 $\sum$ で求めることができる．したがって，点 P の水平面照度は，n 分割した各照度の和をとれば

$$E_h = \frac{L}{2}\sum_{k=1}^{n}\gamma_k \cos \delta_k \tag{6・60}$$

で求めることができる．

6.4.3 各種面光源による直接照度

〔1〕 平円板光源

半径 a の平円板状で輝度 L の面光源における中心直下点 P の照度を，立体角投射法と境界積分法によって求めてみる．

（a） 立体角投射法　図6・21 のように，点 P を中心とした単位球 $r=1$ を仮

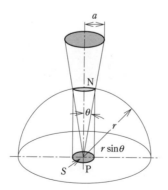

図6・21 円板光源による照度（立体角投射法）

定する．平円板光源が点Pに作る錐体が単位球面で切る面積の被照面上での投影面積，すなわち正射影面積 S は点Pの法線方向と平円板の周辺との角を θ とすれば，$S = \pi(r\sin\theta)^2$ であるから，点Pでの水平面照度 E_h は

$$E_h = LS = L\pi(r\sin\theta)^2 = L\pi\sin^2\theta \quad (r=1) \tag{6・61}$$

と求めることができる．

(b) 境界積分法 図 6・22 のように平円板上の周辺の微小部分 dl が点Pとなす角を δ とすれば，水平面照度 E_h は

$$E_h = \frac{L}{2}\oint \cos\delta\, d\gamma \tag{6・62}$$

で表される．点Pと円板の周辺までの距離を p とすると，$d\gamma = dl/p$ であり，$\delta = 90° - \theta$，$\cos\delta = \sin\theta = a/p$ であるから

$$\begin{aligned}
E_h &= \frac{L}{2}\oint \cos\delta\, d\gamma = \frac{L}{2}\oint \frac{dl}{p}\sin\theta = \frac{L}{2}\times\frac{1}{p}\sin\theta\int_0^{2\pi a} dl \\
&= \frac{L}{2}\times\frac{1}{p}\sin\theta\times 2\pi a = L\pi\sin^2\theta = \frac{L\pi a^2}{p^2}
\end{aligned} \tag{6・63}$$

と求めることができる．

両解法結果より，平円板光源による軸上の点Pでの水平面照度は，その点Pから円板の周辺までの距離の2乗に反比例することがいえる．

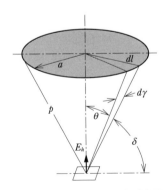

図 6・22 平円板光源による照度（境界積分法）

〔2〕 直角三角形光源

被照面に平行な直角三角形光源における一端の直下点での照度を求めてみる.

(a) 立体角投射法　図 6・23 のように,面光源 ABC の一端 A を単位球 $r=1$ の極上にとると,被照面上で A の直下点 P から張る錐体が単位球面上に切る面積は A'B'C' となる.次にこの面積の被照面に対する正射影は,図より明らかなように扇形 PB'C' の正射影を求めることと等価である.扇形 PB'C' の面積を S' とすれば $S' = \gamma_{BC} r^2/2$ であるから正射影面積 S は

$$S = S' \cos \delta_{BC} = \frac{r^2 \gamma_{BC} \cos \delta_{BC}}{2} \tag{6・64}$$

となる.よって点 P での水平面照度 E_h は $r=1$ として

$$E_h = LS = \frac{L}{2} \gamma_{BC} \cos \delta_{BC}$$

と求めることができる.

(b) 境界積分法　図 6・24 のように点 P となす角を定めると点 P の水平面照度 E_h は

$$E_h = \frac{L}{2} \sum \gamma \cos \delta = \frac{L}{2} (\gamma_{CA} \cos \delta_{CA} + \gamma_{AB} \cos \delta_{AB} + \gamma_{BC} \cos \delta_{BC}) \tag{6・65}$$

となる.ここで

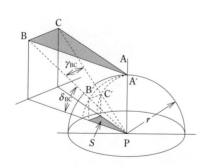

図 6・23　水平にある直角三角形光源による照度（立体角投射法）

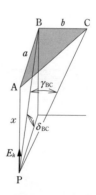

図 6・24　水平にある直角三角形光源による照度（境界積分法）

$\delta_{CA} = 90°$ ∴ $\cos\delta_{CA} = 0$
$\delta_{AB} = 90°$ ∴ $\cos\delta_{AB} = 0$

であるから

$$E_h = \frac{L}{2}\gamma_{BC}\cos\delta_{BC} \tag{6・66}$$

と求めることができる．

ここで，**図 6・25** に示すように直角ではない三角形 ABC において点 A の直下の点 P での水平面照度 E_h を求めてみる．図のように辺 BC を延長し直角三角形 ADC を仮定する．次に直角三角形 ADC による照度 E_{ADC} と直角三角形 ADB による照度 E_{ADB} をそれぞれ求め，その差をとれば

$$E_h = E_{ADC} - E_{ADB} \tag{6・67}$$

より求めることができる．

〔3〕 長方形光源

被照面と平行な長方形光源による照度は，多角形光源あるいは直角三角形光源の応用として境界積分法によって解くことが一般的である．

図 6・26 に示すような長方形光源による点 A の直下点 P の照度を求めてみよう．

長方形光源 ABCD において△ABC と△ADB の直角三角形光源によって照明

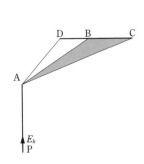

図 6・25 水平にある直角でない三角形光源による照度

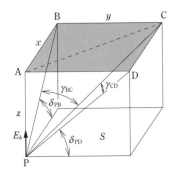

図 6・26 水平にある長方形光源による照度（境界積分法）

されていると考えることができる．しかし，△APB，△APCおよび△APDは被照面に鉛直であるから$\cos\delta = 0$となる．よって点Pの水平面照度E_hは

$$E_h = \frac{L}{2}(\gamma_{BC}\cos\delta_{PB} + \gamma_{CD}\cos\delta_{PD}) \tag{6・68}$$

で求めることができる．

また，図中に示した長さx, y, zで表す場合には

$$\gamma_{BC} = \tan^{-1}\left(\frac{y}{\sqrt{x^2+z^2}}\right), \quad \gamma_{CD} = \tan^{-1}\left(\frac{x}{\sqrt{y^2+z^2}}\right) \tag{6・69}$$

$$\cos\delta_{PB} = \frac{x}{\sqrt{x^2+z^2}}, \quad \cos\delta_{PD} = \left(\frac{y}{\sqrt{y^2+z^2}}\right)$$

であるから

$$E_h = \frac{L}{2}\left(\frac{x}{\sqrt{x^2+z^2}}\tan^{-1}\frac{y}{\sqrt{x^2+z^2}} + \frac{y}{\sqrt{y^2+z^2}}\tan^{-1}\frac{x}{\sqrt{y^2+z^2}}\right) \tag{6・70}$$

となる．

ここで，**図6・27**のように被照面上の点Pが長方形光源ABCDから離れた場合は次のように求めることができる．

点Pから垂線を引き長方形光源を含む面上との交点をOとすると，図に示したように長方形OFCG，OFBH，OEDG，OEAHの照度をそれぞれE_{OFCG}，E_{OFBH}，E_{OEDG}，E_{OEAH}とすると点Pでの照度Eは

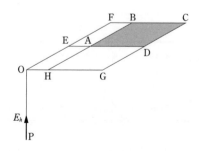

図6・27 水平長方形光源外の一点の照度

$$E = E_{\text{OFCG}} - E_{\text{OFBH}} - E_{\text{OEDG}} + E_{\text{OEAH}} \qquad (6・71)$$

で求めることができる．

6.5 相互反射

　室内やトンネル内の天井，壁，床，あるいは光ダクト内面などにおいて光束が複数の面相互での反射を繰り返すことを相互反射という．この計算は一般に複雑であるが，ここでは簡単な場合について考えることにする．

6.5.1 無限平行平面間の相互反射

　図6・28に示すように天井と床が平行で無限に広い室内について，相互反射により天井および床の光束を求めてみる．

　図に示すように，均等な光度分布を持つ光源を天井と床の中間に置き，この光源より天井面と床面に光束Φが入射されるとする．天井と床の反射率をそれぞれρ_c，ρ_fとすると天井面と床面で反射されて光束はそれぞれ$\rho_c\Phi$，$\rho_f\Phi$となる．この反射した光束により次に床面と天井面で反射され，それぞれ$\rho_f\rho_c\Phi$，$\rho_c\rho_f\Phi$となる．さらに反射光束は天井面と床面に向かい，反射して$\rho_f\rho_c^2\Phi$，$\rho_c\rho_f^2\Phi$が天井面と床面に向かう．このような反射が無限に繰り返されることになる．

　これより，天井面，床面に入射した全光束Φ_c，Φ_fは次のように求められる．

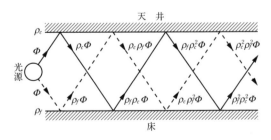

図6・28　無限平行平面間の相互反射

$$
\begin{aligned}
\Phi_c &= \Phi + \rho_c\rho_f\Phi + \rho_c{}^2\rho_f{}^2\Phi + \rho_c{}^3\rho_f{}^3\Phi + \cdots + \rho_f\Phi + \rho_f{}^2\rho_c\Phi + \rho_f{}^3\rho_c{}^2\Phi \\
&\quad + \rho_f{}^4\rho_c{}^3\Phi + \cdots \\
&= \Phi[1 + \rho_c\rho_f + (\rho_c\rho_f)^2 + (\rho_c\rho_f)^3 + \cdots] \\
&\quad + \rho_f\Phi[1 + \rho_c\rho_f + (\rho_c\rho_f)^2 + (\rho_c\rho_f)^3 + \cdots] \\
&= \Phi\frac{1}{1-\rho_c\rho_f} + \rho_f\Phi\frac{1}{1-\rho_c\rho_f} \\
&= \frac{1+\rho_f}{1-\rho_c\rho_f}\Phi
\end{aligned}
\tag{6・72}
$$

$$
\begin{aligned}
\Phi_f &= \Phi + \rho_c\rho_f\Phi + \rho_c{}^2\rho_f{}^2\Phi + \rho_c{}^3\rho_f{}^3\Phi + \cdots + \rho_c\Phi + \rho_c{}^2\rho_f\Phi + \rho_c{}^3\rho_f{}^2\Phi \\
&\quad + \rho_c{}^4\rho_f{}^3\Phi + \cdots \\
&= \Phi[1 + \rho_c\rho_f + (\rho_c\rho_f)^2 + (\rho_c\rho_f)^3 + \cdots] \\
&\quad + \rho_c\Phi[1 + \rho_c\rho_f + (\rho_c\rho_f)^2 + (\rho_c\rho_f)^3 + \cdots] \\
&= \Phi\frac{1}{1-\rho_c\rho_f} + \rho_c\Phi\frac{1}{1-\rho_c\rho_f} \\
&= \frac{1+\rho_c}{1-\rho_c\rho_f}\Phi
\end{aligned}
\tag{6・73}
$$

求めた関係式より無限の反射を繰り返す相互反射の場合の光束の増加は，天井面と床面でそれぞれ

$$
\frac{\Phi_c}{\Phi} = \frac{1+\rho_f}{1-\rho_c\rho_f}, \qquad \frac{\Phi_f}{\Phi} = \frac{1+\rho_c}{1-\rho_c\rho_f}
\tag{6・74}
$$

となる．$\rho = 0.2$，$\rho = 0.7$ とすると

$$
\frac{\Phi_c}{\Phi} = 1.4, \qquad \frac{\Phi_f}{\Phi} = 2.0
$$

となり，相互反射が大きく寄与することがわかる．

6.5.2 均等拡散球内面の相互反射

均等拡散面である球面内の相互反射による直接照度と間接照度について求めて

みよう.

図 6・29 に示す半径 R の球の内面が反射率 ρ であるとする.球面内に光源を置くか,あるいは球壁に微小な孔を開け外部より光束 Φ を導いたとき,球面上に直接照度 $E(x)$ の分布を生じたとすれば,光束 Φ は $E(x)\,dS$ の球内の表面積 S の積分として

$$\Phi = \int_S E(x)\,dS \tag{6・75}$$

で求められる.

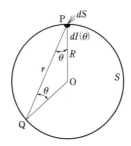

図 6・29 間接照度

また,球面内の点 P での微小部分 dS が直接照度 $E(x)$ であれば,輝度 $L = \rho E(x)/\pi$ の二次光源とみなせ,点 Q にこの光源による照度 dE_1 を生じる.球面は均等拡散面であるから点 P の法線方向(PO 方向)の光度は LdS であり,PQ 方向の光度 $dI(\theta)$ は

$$dI(\theta) = LdS\cos\theta = \frac{\rho E(x)}{\pi}\cos\theta\,dS \tag{6・76}$$

となる.したがって点 Q での照度は

$$dE_1 = \frac{dI(\theta)\cos\theta}{r^2} = \frac{\rho E(x)}{\pi}\cos\theta\,dS\frac{\cos\theta}{(2R\cos\theta)^2}$$

$$= \frac{\rho E(x)\,dS}{4\pi R^2} = \frac{\rho}{S}E(x)\,dS \tag{6・77}$$

となる．よって点 Q が球内全面積 S から第 1 回の反射によって受ける照度 E_1 は

$$E_1 = \int_S dE_1 = \frac{\rho}{S} \int_S E_1(x) dS = \frac{\rho}{S} \Phi \qquad (6 \cdot 78)$$

となる．位置の関係は任意であるから点 Q の間接照度 E_1 は球面内の位置の如何によらないことがわかる．次に第 2 回の反射による点 Q での間接照度 E_2 は同様に

$$E_2 = \int_S dE_2 = \frac{\rho}{S} \int_S E_1(x) dS = \frac{\rho^2}{S^2} \int_S dS = \frac{\rho^2}{S} \Phi \qquad (6 \cdot 79)$$

となる．第 3 回，第 4 回などの照度も同様にして求めることができる．

$$E_3 = \frac{\rho^3}{S} \Phi, \quad E_4 = \frac{\rho^4}{S} \Phi, \quad \cdots, \quad E_n = \frac{\rho^n}{S} \Phi \qquad (6 \cdot 80)$$

したがって点 Q での n 回の相互反射による照度 E_i は

$$
\begin{aligned}
E_i &= E_1 + E_2 + E_3 + \cdots + E_n \\
&= \frac{\Phi}{S} (\rho + \rho^2 + \rho^3 + \cdots + \rho^n) \\
&= \frac{\Phi}{S} \frac{\rho}{(1-\rho)} \qquad (6 \cdot 81)
\end{aligned}
$$

として求めることができる．ここで，Φ, S, ρ は一定の値で球面内の位置には無関係であるから，球面内のあらゆる点での間接照度 E_i は一定である．

図 6・30 に示す**球形光束計**はこの理論を応用した装置である．

測定原理は，球形光束計の中心部に全光束 Φ_S の既知の光源を入れ，球形の表面に開けた微小な均等拡散性（透過率 τ）の測光窓からの輝度 L_S を測光器で測定すると L_S は次式で求められる．

$$L_S = \tau \frac{\rho}{1-\rho} \cdot \frac{\Phi_S}{S} \cdot \frac{1}{\pi} \qquad (6 \cdot 82)$$

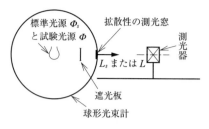

図 6・30　球形光束計の原理

　次に全光束 Φ の測定対象である試験光源を入れ，同様に輝度を測定すると次式となる．

$$L = \tau \frac{\rho}{1-\rho} \cdot \frac{\Phi}{S} \cdot \frac{1}{\pi} \tag{6・83}$$

よって

$$\frac{L}{L_S} = \frac{\Phi}{\Phi_S} \tag{6・84}$$

となり，全光束 Φ は次式のように算出される．

$$\Phi = \frac{\Phi_S L}{L_S} \tag{6・85}$$

なお，光源遮光板は光源からの直接光を遮断するものである．

演習問題

[1]　配光が式（6・5）で与えられる半球面光源の全光束を，山内角の近似式 (6・19) を用いて求めよ．また，誤差はどの程度か．

[2]　光度が I である点光源と一様な輝度 L の円板光源（半径 r）に関する以下の問いに答えよ．
　　(1) それぞれの光源について，距離 h だけ離れた点における法線照度を求めよ．ただし，円板光源の場合の測定点は光源中心の垂直方向にあ

り，その方向の光度を点光源と同じ I とする.

(2) 問（1）の円板光源による照度を求める簡便な方法として，円板光源を点光源とみなして算出したい．誤差を 1% 以内とするには，光源の直径 $d = 2r$ と距離 h との間にどのような条件が必要か.

3 一様な輝度の平面板光源が，ある高さの所に水平に設置されている．光源直下の点から水平に距離 d だけ離れた点の水平面照度が最大となる高さ h を求めよ．ただし，光源の大きさは十分小さく点光源とみなせるものとする.

4 あらゆる方向への光度が 1 000 cd の光源 L_1，L_2 が 10 m 離れた位置に各々 10 m の高さで設置されている．L_2 の直下点 P での水平面照度を求めよ.

5 長さ 1.2 m の 40 形蛍光ランプ（その全光束 3 000 lm）が 1 本水平に点灯されている．ランプの一端直下 1.2 m の点の水平面照度を求めよ．ただし，ランプは全長にわたり一様に輝いており，その配光は完全拡散性のものとする．また，計算には $\pi^2 = 9.87$ とせよ.

6 半径 10 m の半球体のドーム形屋根がある．その周囲の鉛直角 0〜60° は布製で，光の透過率は 10% である（$\theta = 60°〜90°$ は不透明な天井である）．外部での輝度が $L = 10\,000/\pi$ 〔cd/m²〕である場合，ドーム内の中央，床上の水平面照度を求めよ.

参考文献
1)　一般社団法人照明学会（編）：照明ハンドブック（第 3 版）pp. 66-76，オーム社（2020）

第7章

照明環境デザイン

照明環境デザインは，光を用いて，さまざまな行為・活動に適した安全・快適で豊かな環境を生み出す設計活動である．科学技術的な側面と芸術的な側面を併せ持つものであり，職能的にはその両者に対する深い理解が必要とされる．本章では将来的な照明環境デザインのあり方を見据えて，特に科学技術的側面に重点を置きながらそのプロセスを記述する．

7.1 照明環境デザインの役割とプロセス

　照明環境デザインは，光を用いて，さまざまな行為・活動に適した安全で快適で豊かな環境を生み出す設計活動である．近代の照明デザイナーの先駆者の一人である Richard Kelly が 1952 年の講演録で「Lighting is both an art and a science：照明は芸術でもあり科学でもある」と述べたように，科学技術的な側面と芸術的な側面を併せ持つものであり，職能的にはその両者に対する深い理解が必要とされる．また照明に用いる光源は昼光・人工光源のどちらでもよく，本来は両者を同時に検討していく必要がある．現状ではまだ昼光照明を検討する設計者と人工照明を検討するデザイナーが分かれていることも多いが，本章では将来的な照明環境デザインのあり方を見据えて，特に科学技術的側面に重点を置きながらそのプロセスを記述する．

　JM Waldram はすでに 1950 年代に Designed Appearance Lighting Method（アピアランス＝見えのデザインによる照明手法）という用語を打ち出して，Apparent Brightness（見た目の明るさ：ただし明るさそのものに Apparent の意味が含まれるので現在ではこの用語は使用しない）に基づく照明デザイン手法を提案した．建築家や照明デザイナーが視覚的に重要なエレメントの明るさを決定し，続いて照明エンジニアが明るさを物理的な輝度に変換して，その輝度分布が得られるように照明器具の配置を決める，というプロセスである（図 7・1）．ただし，当時は明るさ-輝度変換式が完全なものではなかったため，実際の照明デザインの現場には広く普及しなかった．上記の流れは明るさのみに限られた話ではなく，まず人間が受ける視覚的・心理的な効果に基づいて光環境を決定し，それを実現するための物理量を求めた上で，照明器具の配置を検討していくという

図 7・1　照明環境デザインのプロセス

点で，グレア・視認性などすべてに共通する話である．現在は，局所的な明るさ，空間の明るさ，グレア，視認性などさまざまな視覚的・心理的効果を，物理量（輝度・色度）から予測する方法が提案されてきており，また一方で，照明シミュレーション技術の発達により，そのような輝度・色度分布を持った空間設計・窓の設計・照明器具の配置の検討も可能となってきた．Waldramらが望んでいた照明デザイン手法が現実のものとなりつつある．

7.2 照明環境デザインの流れ

　照明環境デザインの流れは，通常，調査・ヒアリング，概念（コンセプト）設計，基本設計，実施設計，施工・現場管理，事後評価と進む（**図7・2**）．よい照明環境と省エネルギー性能の両立を実現するためには，可能な限り初期の段階から照明環境を考慮した検討が必要である．照明環境デザインの役割は，人工照明器具の選定と配置を検討するだけには留まらない．建築においては，窓・開口部の設計，昼光調整装置（庇・ルーバー・ブラインドなど）の設計・選定，部材や内装の反射率の決定なども，すべて照明環境の構築に深く関与する．よい照明環境を得るためには，照明に関する十分な知識を身につけた専門家が，できるだけ概念設計・基本設計の早い段階から空間設計に参画していくことが望ましい．

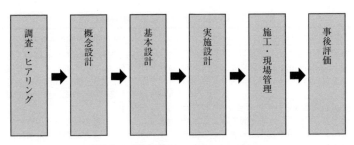

図7・2　照明環境デザインの流れ

7.2.1 調査・ヒアリング

発注者にヒアリングを行い，予算・スケジュールを把握し，最適な設計プロセスを検討する．可能な場合は現地調査を行い，地域の特性や周辺環境の把握，用途地域・照明基準・条例などの把握を行う．さらに，夜間屋外照明の設計であれば，周辺環境の把握には，周囲の街路灯・ライトアップ・漏れ光といった具体的要素や実際の輝度分布・照度分布を確認することなどが含まれる．

7.2.2 概念設計

地域特性や文化的な分脈を読み解き，さまざまな関係者との対話を通じ，持続可能な開発目標 SDGs（Sustainable Development Goals）や環境配慮なども視野に入れながら，照明環境デザインのコンセプトを的確な言葉を用いて作成する．プロジェクトによってはこの段階で市民参加型のワークショップや社会実験を実施することもある．

7.2.3 基本設計

建物の基本設計において，照明環境に寄与する重要な要素は，建物形態，窓の形状・方位などである．基本設計の段階から昼光照明を考慮するとよいが，近年では照明シミュレーションツールを用いて年間を通した昼光照明の影響を確認することが可能となっている．本来であれば視覚的効果をより正しく評価可能な輝度分布を算出して検討すべきであるが，現状では計算負荷等の問題から，北米の環境性能評価システムである LEED（Leadership in Energy and Environmental Design）や，建物の環境・エネルギー性能と利用者の健康・快適性を評価する

表7・1　LEEDにおける昼光照明評価指標

sDA（Spatial Daylight Autonomy）	ASE（Annual Sunlight Exposure）
執務時間において，ある閾値以上の昼光照度（Daylight Autonomy）が，年間を通してある割合以上得られている水平作業面上の領域の面積率． ＊$sDA_{300/50\%}$と表記されている場合は，執務時間の50％以上において年間を通して昼光照明によって300 lx 以上得られている領域の面積率．	すべての昼光制御装置がない状態で，ある定められたスケジュールにおいて，ある閾値より大きい直射日光照度が，年間を通してある時間数よりも多く得られる，水平作業面上の領域の面積率． ＊$ASE_{1000/250}$と表記されている場合は，年間1 000 lx 以上となる時間が250時間以上になる領域の面積率．

システムである WELL 認証の中で昼光照明の評価に用いられる，sDA（Spatial Daylight Autonomy）/ASE（Annual Sunlight Exposure）（**表 7・1**）といった昼光照明評価指標をもとに検討がなされることがある．いずれも水平面照度に基づく指標のため，必ずしも利用者にとって心地よく健康な視環境を担保できていない点には留意が必要である．また，執務スペースにおける窓面のグレアを検討するための指標としては，DGP（Daylight Glare Probability）や PGSV（Predicted Glare Sensation Vote）などがある．

　人工照明に関わる基本設計では，電気設備設計に必要な下記の情報を用意する．

1) 建築空間に相応しい光源・照明器具の仕様・意匠・配置計画
2) 建築の構造・仕上げに関わる建築化照明の納まり
3) 照明器具の輝度制限に考慮した照明設計情報
4) 空間演出や機能に関わる調光制御の仕様
5) 照明器具と調光制御の仕様の概算予算
6) 照明環境デザインの仕様
7) 事業者・各設計関係者の間でデザイン決定するための資料（照明環境のレンダリング図面，照明シミュレーション結果，スタディーモデルなど）

7.2.4　実施設計

最終的に以下の項目に留意しながら実現可能な案に落とし込む．

1) モックアップによる照明効果の検証
2) 特注照明器具のデザイン
3) 照明器具の納まりと建築との取り合い調整
4) 調光や ON/OFF 制御スケジュールの計画
5) 照明器具の最終配灯図と照明器具仕様の決定

　最終成果物としては，①照明器具配灯図，②照明器具リスト，③照明器具仕様図，④照明器具納まり図，⑤照明器具グルーピング図，⑥オペレーションダイアグラムとスケジュール，⑦照明器具負荷表やシステム系統図，⑧照度計算書などを作成する．

第 7 章　照明環境デザイン

7.2.5　施工・現場管理

施工業者との調整管理，照明器具の試作品検査，施工現場でのモックアップモデルによる照明効果実験などを通じて，設計内容が的確に施工に反映されているかどうかをチェックする．照明器具の設置後には，狙った照明効果を得られるように照明器具の設置位置や向きなどを微調整するフォーカシングや調光・シーン設定を行い，最終調整を行う．

7.2.6　事後評価

運用後のランニングコストを確認し，照明環境デザインの目標を達成しているかどうか，あるいは改善できる箇所がないかを継続的・定期的に検討する．また，建築使用開始後（供用後）に環境を評価することを **POE**（Post Occupancy Evaluation）という．建物が使用者の健康や安全・心理面などに与える影響を評価し，改善に結びつける評価手法で，1960 年台以降に米国を中心に発達した．単なる技術的側面からの評価を行う建築診断に留まらず，機能的・心理的側面からの評価を包括的に実施することを目標としている点が POE の特徴である．

7.3　照明環境デザインのツール

7.3.1　照明シミュレーション

20 世紀後半から，上記に示した科学技術的な設計プロセスを実際に可能とする照明環境シミュレーションプログラムの開発と普及が進んだ．照明環境デザインで用いるためには，単に美しくリアルらしく見えるための絵を作り出すだけではなく，光の振る舞いを極力正確に計算した上で，正しい測光量（輝度・色度）を計算できることが求められる（**図 7・3**）．ただしどのようなシミュレーションプログラムも，形状の単純化，素材（マテリアル）の反射・透過特性の簡易モデル化のもとに計算を進めている．また，光線追跡法（レイトレーシング）や光束伝達法（ラジオシティ）といった計算アルゴリズムも，現実的な計算負荷とする

150

7.3 照明環境デザインのツール

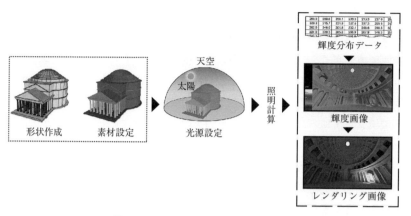

図 7・3　照明シミュレーションの流れ

ため，照明環境シミュレーションには常に何らかの誤差が含まれる．シミュレーションプログラムを活用するためには，どのような箇所に誤差が生じうるのかを把握しながら進める必要がある．昼光照明計算を行う場合には，太陽輝度および天空輝度分布のデータが必要となり，CIE 標準一般天空などが使われることがあるが，これも現実の昼光そのままではなくて，モデル化したものである点に注意が必要である．各シミュレーションプログラムの精度検証のためには，国際照明委員会 CIE が CIE 171:2006 TEST CASES TO ASSESS THE ACCURACY OF LIGHTING COMPUTER PROGRAMS を公開しており，それをもとにした検証結果が照明学会などから公開されているので参照するとよい．

　フリーで利用可能なため広く使用されているプログラムとして Radiance や DIALux などがある．Radiance は Lawrence Berkeley Laboratories で開発された UNIX 向けの照明シミュレーションプログラムで，特に昼光照明計算においては世界的にデファクトスタンダードになっている．Backwards Raytracing を基礎としたアルゴリズムであるが，Ver. 5 からは Photon Mapping も組み込まれた．また近年は Radiance を計算エンジンとして活用するさまざまなプログラムが利用可能となっており，熱負荷計算プログラムとの連携なども図りやすい．DIALux は日本語インタフェースが利用でき，その使いやすさから人工照明デザインの現場において広く用いられるようになっている．

7.3.2 CG レンダリング

照明環境デザインの検討段階において，施主・クライアントへのプレゼンテーション，設計者間のイメージ共有などの目的で，通常の CG プログラムを用いたレンダリング画像あるいはフォトレタッチが用いられることがある．これらは，照明環境シミュレーションのように極力実際の照明環境を正しく再現することを狙ったものではない．しかし，Radiance や DIALux を用いた照明環境シミュレーションに比べれば通常作成もより簡単であり，光の専門家ではない施主や建築設計者に対して，完成イメージをわかりやすく示すためには，便利な手法となる．ただしあくまでイメージにすぎない点には常に注意が必要である．

7.3.3 模 型

縮尺モデルを用いた照明環境の検討は，実際の照明器具の配光やマテリアルの特性などを正しく再現することが通常難しいことから，一般的な CG レンダリングやフォトレタッチと同様にイメージを伝達，あるいは確認するための手段として用いられる．一方で，原寸模型は，照明シミュレーションでは再現が不可能なマテリアル特性の影響，実際の照明器具の影響などを細かく検証することが可能なため，非常に有効な設計ツールとなる．

演習問題

[1] 一般的な照明環境デザインのプロセスを列記せよ．

[2] 実施設計の最終成果物として求められる書類を列挙せよ．

[3] 照明シミュレーションプログラムの Radiance の計算アルゴリズムを説明せよ．

参考文献

1) 照明学会（編）：照明ハンドブック（第 3 版），pp. 522-548, オーム社（2020）

第8章

屋内照明

　屋内照明設計で，目的に応じた適切な照明設計を行うことは重要である．JIS Z 9125:2023「屋内照明基準」を設計のよりどころとして紹介し，主な照明要件（照度，不快グレア，演色など）について解説する．次に，照明設計の手順として照明要件から照明方式，照度計算，照明器具の配置を説明する．照明設計の例として，オフィス，工場・倉庫，店舗，住宅で特に考慮すべき事項を述べる．最後に，省エネルギーを達成する見地で，着眼点と実施技術を説明する．

第 8 章　屋内照明

8.1　照明設計の目的

　人間が視覚を媒体として自己の住む世界を認識し生活を営んでいる限り，光の存在は不可欠なものである．人間の五感の情報能力は視覚のほかに，聴覚，臭覚，触覚，味覚とあるが，視覚の情報能力は圧倒的に多く，光が人間の生活に与える影響は大きい．

　この光を生活のために役立たせるものが照明である．さまざまな部位の機能を実現するために，生理的および心理的効果を考慮した照明による環境が**照明環境**であり，その対象は視対象（明視性）と環境に分けられる．視対象には，被照面と，光源や誘導灯，あるいは VDT（Visual Display Terminal）や窓のような発光面がある．

8.2　照明設計の要件

　目的に応じた狙いの照明環境を具現化するための照明要件を定め，その要件を満たすよう，光源や器具の選定と，選定された器具の設置方法を決めていく作業が**照明設計**である．良い照明環境を得るために照明設計では，次の事項を考慮する．
　①　人々の活動目的に合致した照明レベルの設定
　②　エネルギーの有効利用
　③　周辺環境との調和
　上記事項を考慮した上で，視覚的効果に大きな影響を及ぼす光源あるいは被照面に対して定める，狙いの照明環境を実現するための物理的条件を照明要件という．特に主要な照明要件については，JIS などの適切な**照明基準**を参考にして決める必要がある．

　主要な照明要件の内，JIS Z 9125:2023「屋内照明基準」[1] では，領域，作業ま

154

たは活動の種類別に対応する基準面の照度 E [lx]，照度均斉度，グレア制限値 UGR（8.2.3 項参照），演色性の推奨区分（8.2.6 項参照）のほか，設計室，製図室，事務室と会議室，集会室と限定されるが，推奨する平均壁面輝度と平均天井面輝度の最小値が規定されている．この JIS に規定されている照明要件の例として，事務所および一般的な建築空間に対する照明要件を**表 8・1** に示す．

表 8・1　事務所および一般的な建築空間の照明要件（JIS Z 9125：2023[1]）

領域，作業または活動の種類	E_{m} [lx]	UGR_{L}	演色性区分※	平均壁面輝度（最小値）	平均天井面輝度（最小値）
設計室，製図室	750	16	高 C1	30	20
事務室	750	19	高 C1	30	20
役員室	750	16	高 C1	－	－
医療室	500	19	高 C2	－	－
印刷室	500	19	高 C1	－	－
電子計算機室	500	19	高 C1	－	－
調理室	500	22	高 C1	－	－
集中監視，制御室	500	16	高 C1	－	－
守衛室	500	19	高 C1	－	－
受付	300	22	高 C2	－	－
会議室，集会室	500	19	高 C1	15	10
応接室	500	19	高 C1	－	－
宿直室	300	19	高 C1	－	－

※演色性区分は，表付・5 を参照のこと

8.2.1　照　度

〔1〕　生理的な検討

紙面上の対象に対して得られる視力は文字の視角，**輝度対比**，**順応輝度**により影響を受け，**視力**の上昇で文字は読みやすくなる．また紙面輝度の上昇により，輝度対比の弁別閾は小さくなり，細かなあるいは対比の小さな文字でも見やすくなる．

矯正状態での両眼視による，ピントの合う最短距離で測定した視力（**近点視力**）の測定結果を**図 8・1** に示す．高齢者は若齢者の視力の約 1/2 程度になる [2),3]．ピントの合う最短距離（**近点距離**）を**図 8・2** に示す．高齢者の近点距離は若齢者の 3 倍以上になる [2),3]．高齢者と若齢者の適正照度の幅を**図 8・3** に

第 8 章　屋内照明

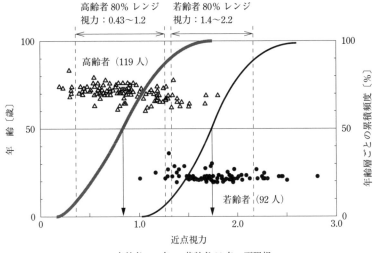

△ 高齢者 119 名，● 若齢者 92 名，両眼視
背景輝度 200 cd/m², 輝度対比 0.93

図 8・1　高齢者と若齢者の近点視力

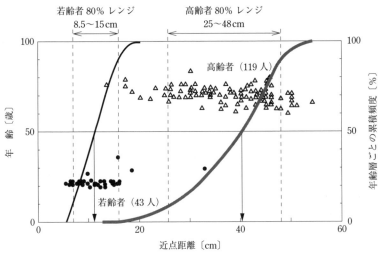

△ 高齢者 119 名，● 若齢者 92 名，両眼視
背景輝度 200 cd/m²

図 8・2　高齢者と若齢者の近点距離

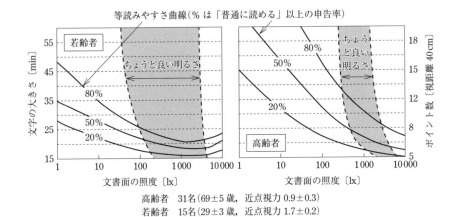

高齢者 31名(69±5歳，近点視力 0.9±0.3)
若齢者 15名(29±3歳，近点視力 1.7±0.2)

図 8・3 高齢者と若齢者の適正照度

示す．ちょうど良い明るさの下限値の，高齢者と若齢者の比（5〜7倍）に対して，幾何平均値（下限値と上限値）の比は約 2 倍となっている（文字 5 ポイントを除く）[4]．JIS の作業領域または活動領域における推奨照度は，以上の検討結果を参考にして定められている．

〔2〕 推奨照度

作業領域または活動領域の推奨照度は表 8・1 などをもとに決める．推奨照度は，視作業を行う水平面，鉛直面，傾斜した面または曲面など（基準面）における平均照度で，保守率を考慮した維持照度である．設計者が基準面を特定できない場合には，床上 0.8 m（机上視作業），床上 0.4 m（座業），または床もしくは地面のいずれかを基準面と仮定する．

JIS における照度段階には，照度の違いを感覚的に認識できる最小の照度の差異をほぼ 1.5 倍間隔とし，次のような値が採用されている．

1, 2, 3, 5, 10, 15, 20, 30, 50, 75, 100, 150, 200, 300, 500, 750, 1 000, 1 500, 2 000, 3 000, 5 000, 7 500, 10 000, 15 000, 20 000 lx

〔3〕 設計照度

実際の施設の照明設計をする際，照明設計者が推奨照度を参考に，作業特性や作業者の視覚特性を考慮して決定する作業領域または活動領域の照度を **設計照度** という．設計照度は保守率を含む維持照度である．もし，視覚条件が通常と異なる場合には，設計照度の値は，推奨照度の値から上に示す照度段階で少なくとも

第 8 章　屋内照明

1 段階上下させて設定してもよい．また，事務室など，JIS にて，平均壁面輝度および平均天井面輝度が規定されている領域においては，平均壁面輝度および平均天井面輝度がいずれも JIS で示されている推奨輝度を満たしており，かつ，視作業または活動に対して屋内空間の明るさおよび作業性を確保できる場合は，1 段階下の推奨照度に基づいて設計照度を定めてもよい．

　次に示す場合には，設計照度を高く設定することが望ましい．

① 　対象となる作業者または活動者の視機能が低いとき

② 　視作業対象のコントラストが極端に低いとき

③ 　精密な視作業であるとき

〔4〕　照度均斉度

　雰囲気を重視する場所以外では，照度の変化は緩やかでなければならない．**照度均斉度**は，作業領域または活動領域における平均照度に対する最小照度の比とされている．作業領域は，設計者が依頼主と協議して決める．JIS では，作業領域の照度均斉度は 0.7 以上，作業領域近傍の照度均斉度は 0.5 以上としている．また，JIS では作業場以外の照度均斉度の推奨値も規定されている．例えば，駅舎のコンコースの照度均斉度は 0.4 以上を推奨している．

8.2.2　空間の明るさ

　前項で示したように，水平面の視対象の見やすさのみでなく，環境の見え方の好ましさを計画することが重要である．電気エネルギーを過剰に消費することなく，仕事のしやすさや快適な環境を求める場合，水平面照度のみでは評価できないため，**空間の明るさ**を評価する指標[5]~[10] が検討されており，今後の基準化が期待されている．その場合，目的に応じた視対象の視認性と，空間の明るさの両方を検討することが大切である．

　室内の各面の輝度分布と照度分布を好ましい値にするには天井・壁・床面の輝度バランスを大切にする．そのためには，適切な反射率を選定し，天井・壁・床に対する照度の分配を適切に行う．3.0 m までの天井高さの各面の反射率は，天井は 0.7 以上，壁は 0.3~0.8 が望ましい．床は 0.2~0.4 の範囲で選定するのがよい．

158

8.2.3 グレアときらめき

〔1〕 グレア

視野内に非常に高い輝度があり,そのために生じる障害を**グレア**といい,視力の低下や不快感を引き起こす.これらのグレアは,作業時に疲労,誤り,事故などの原因になるので,抑制する.

(a) 減能グレア　視対象を見る視線の近くに高輝度光源があるとき,視対象からの光が目の中に入ってきて網膜に像を結ぶと同時に,高輝度光源からの強い光の一部は眼球内で拡散して**光幕現象**を引き起こす(**図8・4**).それによって,網膜上の像にも光が重畳して視対象の像の対比を悪くして,視力を低下させる.

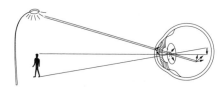

グレア光源からの光が目のなかの組織で散乱されて光幕を形成し,映像の上にかぶさる

図8・4　光幕現象

(b) 不快グレア　視野内に輝度の高い光源があると,それに注意を引き付けられたり,わずらわしく感じたりして,不快感を起こすグレアを**不快グレア**という.不快グレアは光源が高輝度になるほど,見込まれる立体角が大きくなるほど,視野内に光源の数が多くなるほど増加する.逆に,光源方向と視線の角度が大きくなるほど,背景の輝度が高くなるほど低下する.1995年にCIE(国際照明委員会)で屋内照明施設のために規定した不快グレア評価方法に基づく値を屋内統一グレア評価値 UGR (Unified Glare Rating)という.屋内施設の UGR は次の式で定量的に評価することができる.そして,表8・1に併記されている UGR_L を超えないように照明設計をすることが望ましい.

$$UGR = 8 \times \log\left(\frac{0.25}{L_b} \times \sum \frac{L^2 \times \Omega}{p^2}\right) \qquad (8\cdot 1)$$

ここで, L_b は背景輝度 $[cd/m^2]$, L は観測者の目の方向に対するそれぞれの

第8章 屋内照明

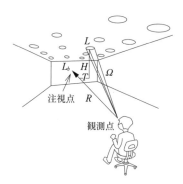

図 8・5　グレア評価式の各記号の説明

表 8・2　ポジションインデックス（CIE117-1995）

T/R	H/R 0.00	0.10	0.20	0.30	0.40	0.50	0.60	0.70	0.80	0.90	1.00	1.10	1.20	1.30	1.40	1.50	1.60	1.70	1.80	1.90
0.00	1.00	1.26	1.53	1.90	2.35	2.86	3.50	4.20	5.00	6.00	7.00	8.10	9.25	10.35	11.70	13.15	14.70	16.20	—	—
0.10	1.05	1.22	1.46	1.80	2.20	2.75	3.40	4.10	4.80	5.80	6.80	8.00	9.10	10.30	11.60	13.00	14.60	16.10	—	—
0.20	1.12	1.30	1.50	1.80	2.20	2.66	3.18	3.88	4.60	5.50	6.50	7.60	8.75	9.85	11.20	12.70	14.00	15.70	—	—
0.30	1.22	1.38	1.60	1.87	2.25	2.70	3.25	3.90	4.60	5.45	6.45	7.40	8.40	9.50	10.85	12.10	13.70	15.00	—	—
0.40	1.32	1.47	1.70	1.96	2.35	2.80	3.30	3.90	4.60	5.40	6.40	7.30	8.30	9.40	10.60	11.90	13.20	14.60	16.00	—
0.50	1.43	1.60	1.82	2.10	2.48	2.91	3.40	3.98	4.70	5.50	6.40	7.30	8.30	9.40	10.50	11.75	13.00	14.40	15.70	—
0.60	1.55	1.72	1.98	2.30	2.65	3.10	3.60	4.10	4.80	5.50	6.40	7.35	8.40	9.40	10.50	11.70	13.00	14.10	15.40	—
0.70	1.70	1.88	2.12	2.48	2.87	3.30	3.78	4.30	4.88	5.60	6.50	7.40	8.50	9.50	10.50	11.70	12.85	14.00	15.20	—
0.80	1.82	2.00	2.32	2.70	3.08	3.50	3.92	4.50	5.10	5.75	6.60	7.50	8.60	9.50	10.60	11.75	12.80	14.00	15.10	—
0.90	1.95	2.20	2.54	2.90	3.30	3.70	4.20	4.75	5.30	6.00	6.75	7.70	8.70	9.65	10.75	11.80	12.90	14.00	15.00	16.00
1.00	2.11	2.40	2.75	3.10	3.50	3.91	4.40	5.00	5.60	6.20	7.00	7.90	8.80	9.75	10.80	11.90	12.95	14.00	15.00	16.00
1.10	2.30	2.55	2.92	3.30	3.72	4.20	4.70	5.25	5.80	6.55	7.20	8.15	9.00	9.90	10.95	12.00	13.00	14.00	15.00	16.00
1.20	2.40	2.75	3.12	3.50	3.90	4.35	4.85	5.50	6.05	6.70	7.50	8.30	9.20	10.00	11.02	12.10	13.10	14.00	15.00	16.00
1.30	2.55	2.90	3.30	3.70	4.20	4.65	5.20	5.70	6.30	7.00	7.70	8.55	9.35	10.20	11.20	12.25	13.20	14.00	15.00	16.00
1.40	2.70	3.10	3.50	3.90	4.35	4.85	5.35	5.85	6.50	7.25	8.00	8.70	9.50	10.40	11.40	12.40	13.25	14.05	15.00	16.00
1.50	2.85	3.15	3.65	4.10	4.55	5.00	5.50	6.20	6.80	7.50	8.20	8.85	9.70	10.55	11.50	12.50	13.30	14.05	15.02	16.00
1.60	2.95	3.40	3.80	4.25	4.75	5.20	5.75	6.30	7.00	7.65	8.40	9.00	9.80	10.80	11.75	12.60	13.40	14.20	15.10	16.00
1.70	3.10	3.55	4.00	4.50	4.90	5.40	5.95	6.50	7.20	7.80	8.50	9.20	10.00	10.85	11.85	12.75	13.45	14.20	15.10	16.00
1.80	3.25	3.70	4.20	4.65	5.10	5.60	6.10	6.75	7.40	8.00	8.65	9.35	10.10	11.00	11.90	12.80	13.50	14.20	15.10	16.00
1.90	3.43	3.86	4.30	4.75	5.20	5.70	6.30	6.90	7.50	8.17	8.80	9.50	10.20	11.00	12.00	12.82	13.55	14.20	15.10	16.00
2.00	3.50	4.00	4.50	4.90	5.35	5.80	6.40	7.10	7.70	8.30	8.90	9.60	10.40	11.10	12.00	12.85	13.60	14.30	15.10	16.00
2.10	3.60	4.17	4.65	5.05	5.50	6.00	6.60	7.20	7.82	8.45	9.00	9.75	10.50	11.20	12.10	12.90	13.70	14.35	15.10	16.00
2.20	3.75	4.25	4.72	5.20	5.60	6.10	6.70	7.35	8.00	8.55	9.15	9.85	10.60	11.30	12.10	12.90	13.70	14.40	15.15	16.00
2.30	3.85	4.35	4.80	5.25	5.70	6.22	6.80	7.40	8.10	8.65	9.30	9.90	10.70	11.40	12.20	12.95	13.70	14.40	15.20	16.00
2.40	3.95	4.40	4.90	5.35	5.80	6.30	6.90	7.50	8.20	8.80	9.40	10.00	10.80	11.50	12.25	13.00	13.75	14.45	15.20	16.00
2.50	4.00	4.50	4.95	5.40	5.85	6.40	6.95	7.55	8.25	8.85	9.50	10.05	10.85	11.55	12.30	13.00	13.80	14.50	15.25	16.00
2.60	4.07	4.55	5.05	5.47	5.95	6.45	7.00	7.65	8.35	8.95	9.55	10.10	10.90	11.60	12.32	13.00	13.80	14.50	15.25	16.00
2.70	4.10	4.60	5.10	5.53	6.00	6.50	7.05	7.70	8.40	9.00	9.60	10.16	10.92	11.63	12.35	13.00	13.80	14.50	15.25	16.00
2.80	4.15	4.62	5.15	5.56	6.05	6.55	7.08	7.73	8.45	9.05	9.65	10.20	10.95	11.65	12.35	13.00	13.80	14.50	15.25	16.00
2.90	4.20	4.65	5.17	5.60	6.07	6.57	7.12	7.75	8.50	9.10	9.70	10.23	10.95	11.65	12.35	13.00	13.80	14.50	15.25	16.00
3.00	4.22	4.67	5.20	5.65	6.12	6.60	7.15	7.80	8.55	9.12	9.70	10.23	10.95	11.65	12.35	13.00	13.80	14.50	15.25	16.00

表 8・3 UGR とグレアの感覚
(JIS Z 9110:2010[11])

UGR 段階	グレアの程度
28	ひどすぎると感じ始める
25	不快である
22	不快であると感じ始める
19	気になる
16	気になると感じ始める
13	感じられる
10	感じ始める

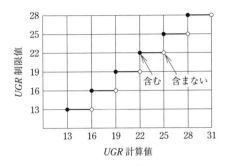

図 8・6 UGR 計算値の判定

照明器具の発光部の輝度 [cd/m^2], Ω は観測者の目の方向に対するそれぞれの照明器具の発光部の立体角 [sr], p はそれぞれの照明器具の視線からの隔たりに関する Guth のポジションインデックスである．

グレア評価式の各記号の説明を**図 8・5** に，ポジションインデックスを**表 8・2** に示す．この式で求められる UGR は，**表 8・3** のような感覚に対応する．UGR が 3 程度異なると不快グレアの主観評価が変化することを考慮すると，計算値と制限値の関係は**図 8・6** のようになる．例えばある照明設備の UGR 計算値が，19.0 ≦ UGR 計算値 < 22.0 となる場合は，その照明設備は UGR 制限値（UGR_L）が 19 の部位に推奨できる（例えば，表 8・1 に示されている事務所および一般的な建築空間の事務室など）．また，UGR 規制に対応した照明器具も開発されている．

〔2〕 きらめき

高輝度の光源でも，キャンプファイアや夜店の裸電球はグレアもあるが，それ以上に人の心に活力と華やかさを与える．きちんと考察された高輝度光源の積極的活用も考慮に値する．

8.2.4 光の方向性と拡散性

光が対象物に当たって反射することによって，対象物に輝く部分と陰影が生じる．その光の方向性と拡散性によって反射と陰影の強さが異なってくる．

〔1〕 陰 影

(a) 妨げとなる陰影　作業面上に手暗がりや身体の影が生じると作業能率を著しく低下させる．これを防ぐためには拡散性の高い照明器具を使用し，光源の

配置にも留意する．

(b) **適切な陰影**　立体的な視対象に光を当て，そこに生じる陰影によって立体対象の形状を表現することを**モデリング**という．視対象が明るく照明されているだけでは不十分で，視対象が適切な陰影を持つことが大切である．適度な陰影を生じさせるためには，好ましい方向から適度な強さの光を当てることが必要である．

(c) **材質感の表現**　織物，壁紙などに方向性の強い光を斜め方向から照射すると，表面の粗さや凹凸を表す細かい陰影を生じ，材質感が強調される．

〔2〕 反　射

(a) **反射グレア**　視作業の妨げとなる反射に**反射グレア**がある．光沢のある対象（紙面，VDT 表示面）に，照明光源などの高輝度部が反射することにより視対象と背景との輝度対比が低下し，文字の見え方を損なったり，不快感をもたらしたりする．JIS Z 9110:2010[11)] では，VDT に関する規制値が示されている．垂直または 15° 傾いた表示画面を通常の視線方向（水平）で使用するところでは，照明器具による輝度の限界値は，照明器具の鉛直角 65° 以上の平均輝度に適用され，VDT 画面への映込みを起こす照明器具の平均輝度の限界値は $2\,000\,\mathrm{cd/m^2}$ 以下とされている．

　水平面の印刷紙面の場合，視線の方向を調べてみると，**図 8・7** のように 25° の角度が最も多く，0～40° までが全体の 85% を占めている．その視線の方向へ反射してくる天井面の位置に高輝度の照明器具を取り付けなければ，反射グレアが生じにくい．

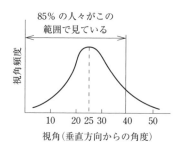

図 8・7　視線方向の頻度分布曲線

(b) **材質感の表現**　赤いりんごの新鮮さを表現する美しいつやは，白熱電球のような点光源・高輝度光源による反射である．貴金属・宝石なども，点光源・高輝

度光源の反射や屈折がなければ，その華麗な光の演出が不可能になるであろう．

8.2.5 昼光・窓

　昼間の照明として，**昼光**と人工照明をうまく調和させて，快適な照明環境を作ることが大切である．建築空間にとって窓の果たす役割は，採光が最も重要だと考えられるが，内部居住者の持つ外部空間への心理的なつながり，すなわち開放感（窓のないときには閉鎖感）や眺望も大きなウェートを占めている．

　一方で，得られる光環境の不安定さや制御の難しさといった問題や，熱環境的には冷房負荷増大などのデメリットも存在する．したがって，昼光照明と人工照明を併用する場合，両者の利点を活用しつつ，そのバランスを考慮していくことが望ましい．

8.2.6 光源の光色と演色

〔1〕 光 色

　光源自体の色は**光色**と称され，**相関色温度**で表現される．相関色温度と人間に与える感じは**表8・4**のようになる．低色温度の照明は暖かみを，高色温度の照明はさわやかさをもたらす．

表8・4　ランプの相関色温度
（JIS Z 9110:2010[11]）

光　色	相関色温度
暖　色	3 300 K 未満
中間色	3 300～5 300 K
涼　色	5 300 K を超える

〔2〕 演 色

　光で照明された物体の色の見え方を**演色**といい，物体の色の見え方に影響を与える照明光の特性を演色性という．そして，演色性の評価を数値化したものが**演色評価数**であり，代表的なものが JIS Z 8726:1990 にて規定されている**平均演色評価数 R_a** である．そして，多くの光源の演色性がこの R_a を用いて評価されている．R_a は国際照明委員会（CIE）で相対分光分布が定められている基準光源のもとでの色の見え方との一致度で判定され，最も高い R_a は 100 であり，一般的には R_a が 80 を超えると演色性がよいとされている．

第 8 章　屋内照明

JIS Z 9125:2023 では，表 8・1 に示すように，領域，作業または活動の種類別に，推奨する演色性区分を示している．ここで示されている普，高 C1，高 C2 および高 C3 は，それぞれ JIS Z 9112:2019 の演色性区分である，普通形，高演色形クラス 1，高演色形クラス 2 および高演色形クラス 3 を表している．

8.2.7　生体リズム

人間の概日リズム（**サーカディアンリズム**）は，光により左右される．適切な明るさと光色の照明状態を選定することで，よりよい睡眠と覚醒を得やすくなり生活の質が向上する [12)～14)]．

8.3　照明設計手順

8.3.1　空間の構成と機能の決定

照明設計をするためには，その建物全体の構成と機能をできるだけ詳細に知っておく必要がある．建物全体の使用目的を明確にし，個々の空間の機能との関連付けを詳しく調べる．

空間ごとに必要な照明の役割を決定することは，照明の設計をしやすくし，最終的な照明設備を決めることになった背景を記録する意味でも有効である [4)]．常に照明環境の質を担保した上での省エネルギー化の推進を図るため，先に述べた JIS だけでなく，照明学会や建築学会から出ている照明ガイドなども参考にして，計画，設計をすることが望ましい [15)～18)]．

8.3.2　光による見え方の決定

空間の機能を生かすために，空間内部の各部分の見え方，各部分における視作業対象の見え方を決定しなければならない．天井，壁，床の全部を明るくするのか，全体の照度レベルを少し下げて，作業面を明るくするのか，空間の機能に応じて変化させる．また，明るくする一方ではなく，部分的に暗くすることも大切である．暗いところがあって初めて明るい部分が効果的に映えてくるからであ

8.3 照明設計手順

る.

8.3.3 照明要件の決定

設計要件（空間の機能，光による見え方）が決定したら，照明要件の各項目で適切な値または方式を選択し，目標値を設定していく.

JIS における用途別照明要件の内，事務所の例は表 8・1 にすでに示した. 用途別の照明要件に表示されていない「領域，作業または活動の種類」の推奨される照明要件を決める場合には，**表 8・5** に示す基本な照明要件などを使用して決める.

表 8・5　基本的な照明要件（屋内作業）(JIS Z 9110:2010[11])

領域，作業，または活動の種類	照　度	照度均斉度	グレア制限値	平均演色評価数
	E_m[lx]	U_0	UGR_L	R_a
ごく粗な視作業，時折の短い訪問，倉庫	100	−	−	40
作業のために連続的に使用しない所	150	−	−	40
粗な視作業，継続的に作業する部屋（最低）	200	−	−	60
やや粗な視作業	300	0.7	22	60
普通の視作業	500	0.7	22	60
やや精密な視作業	750	0.7	19	80
精密な視作業	1 000	0.7	19	80
非常に精密な視作業	1 500	0.7	16	80
超精密な視作業	2 000	0.7	16	80

〔1〕　設計照度

推奨照度を参考にしながら，その空間に合った設計照度を決める.

〔2〕　室内各面の輝度分布，照度分布

8.2.2 項に示したように，適切な反射率を選定し，天井・壁・床に対する照度の分配を適切に行う.

〔3〕　グレアときらめき

グレアは視覚低下や不快を引き起こすので，これを避けなければならない. グレア評価法の項を参考に，施設別，作業別のグレアの推奨値から目標の UGR を決め，それに適した配光を持つ照明器具を，適切な配置で設備する.

第 8 章　屋内照明

〔4〕　光の方向性と拡散性

　その部屋の目的，空間の機能から，指向性の強い光が適しているか，拡散性の光が適しているか判断をする．

　VDT 画面，あるいはそのキーボードも，反射による減能グレアおよび不快グレアが生じる場合がある．8.2.4 項で説明したように高輝度光源の反射を避けることが可能な照明器具を選択し，適切な配置で設備する．

〔5〕　昼光と窓

　平行光線としての直射日光がそのまま室内に入ると，作業に適した照度を大幅に上回ることになり，また照度分布の不均斉やグレアを生じさせる．このため，事務室など作業性を重視する空間においては，そのまま昼光を活用することは難しい．事務室などの作業空間では，水平あるいは垂直ブラインドのような適切な装置で直射日光を遮蔽する．一方，天空光（青空光，曇天光）は，直射日光に比べれば安定しているため，これを中心に活用していくことが多い．

8.3.4　照明方式の決定

　全般照明，局部照明，局部的全般照明，タスク・アンビエント照明などのいずれの照明方式にするかを検討する．

〔1〕　全般照明方式

　全般照明は室全体に均斉度の高い照明を行う方式であり，室内の作業場所の配置が変わっても照明器具の配置を変える必要がなく，極めて融通性の高い方式である．同種類の照明器具を天井面に均等に配置して照明することが多いので，保守が容易である．高層ビルの基準階はほとんど同じ平面図なので，一歩進めて，複合天井システムを採用すれば，照明器具のみならず全電気設備が統一モジュール化され，部屋の間仕切りの変更が自由にできるようになる．複合天井システムの一例を**図 8・8** に，事例を**図 8・9** に示す．

〔2〕　局部照明方式

　個々の対象に対して個々に照明を行う方式である．例えば，商業施設で重点照明を施す場合に採用される．特別な場合を除いて全般照明と併用する．

〔3〕　局部的全般照明方式

　例えば，会議室で大きな机に集中的に照明設備を配置する方式である．全般照明のような融通性はないが，照明効率はよい．壁面などには局部照明を併用する

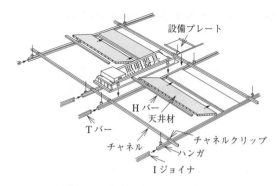

図8・8 複合天井システムの一例

図8・9 オフィスビル事務室に複合天井システムを使用した照明の事例
(木内建設株式会社本社)

ことが望ましい．

〔4〕 **タスク・アンビエント照明方式**

　全般照明方式では，設計照度は部屋全体の平均照度である場合が多いが，例えば作業領域が想定できる場合，**タスク・アンビエント照明方式**とすると，作業領域の設計照度を，タスク照明と，アンビエント照明の合計照度で得ることも可能である．タスク・アンビエント照明方式の例を**図8・10** (b) に示す．また，作業域周辺（アンビエントエリア）を，例えば「やや粗い視作業」と想定できれば，アンビエントエリアの設計照度を，タスクエリアのそれよりも低い値に決定することが可能となって，照明器具の配置，使い方によるエネルギーの有効利用

第8章　屋内照明

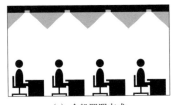
(a) 全般照明方式

(b) タスク・アンビエント照明方式

図8・10　全般照明方式とタスク・アンビエント照明方式

表8・6　作業領域近傍の推奨照度
(JIS Z 9125：2023)[3]
(単位：lx)

作業領域の照度	作業近傍の照度
750 以上	500
500	300
300	200
200 以下	作業照度と同一の照度

表8・7　作業面照度に対して必要な周辺壁面照度[20]
(単位：lx)

対象カテゴリー		壁面		
作業机上面照度	壁面反射率	上限	最適	下限
300	0.3	430	240	120
300	0.8	380	190	75
500	0.3	590	330	180
500	0.8	540	270	110
700	0.3	690	400	220
700	0.8	640	320	130
1 000	0.3	800	480	260
1 000	0.8	740	380	150

の可能性が生まれる．周辺の雰囲気を維持するための水平面照度の推奨値を**表8・6**に，壁面や柱面などの鉛直面照度の例を**表8・7**に示す[19],[20]．

8.3.5　照明器具の選定

照明方式が決まったら，それに適合する光源，照明器具，照明制御の選定を行う．

〔1〕　光　源

光源の選定は，照明設計において大きなウェートを占めている．光源の大きさ，光束，演色性，経済性，寿命，保守管理などを十分に検討して，設計の目的に適したものを選択する．人の動線を十分に考慮して，その空間のみならず，隣接した空間から入ったときに違和感を生じないように注意する．

〔2〕　照明器具

照明器具の選定も照明設計において重要である．照明器具の配光，照明率，グ

レア規制，光学的特性，器具の昇降や移動，防水，防湿，防爆，耐震などの機械的特性，光源の交換，部品の着脱，器具の取り付け方法などを十分に検討する．そして，その空間の機能を十分に発揮できる器具を選定しなければならない．器具の意匠が大きな影響を与えることもある．

〔3〕 照明制御

その空間の使われ方に応じて，適切な照明状態を実現する必要があるが，照明制御を採用するとさまざまな効果がある．

施設空間の部位，作業ごとに目的と狙いに応じた照明の状態が設定されることが望ましいため，照明制御により利用者の好みに応じた照明状態を任意に設定できることは，納得性・満足度を向上させ，快適性や生産性を向上させる．また，必要な場所，時間に重点的に照明設備を使用するので，省エネルギーにもなる（詳しい内容は 11.3.3 項参照）．

8.3.6 平均照度の計算

均等配置された照明器具により室内を全般照明する場合には，次式によって平均照度または所要照明器具台数を求める．

$$E = \frac{\Phi NUM}{A} \tag{8・2}$$

$$N = \frac{EA}{\Phi UM} \tag{8・3}$$

ここで，E は平均照度[lx]，N は光源の灯数，A は床面積[m²]，U は**照明率**，Φ は光源の光束[lm]，M は**保守率**である．

〔1〕 平均照度または所要照度

作業域における水平面照度の平均値を指す場合が多い．照明設計者は，作業域を室内全体にするか，あるいは適切な作業域を選定する．全般照明方式の場合，室内の周辺がやや暗く，中央が明るくなる．

〔2〕 光源灯数

ランプの灯数なので，2灯用器具の場合は照明器具の台数は，灯数の 1/2 になる．算出された灯数を器具台数に換算して配置をする．

〔3〕 床面積

部屋全体の場合は，間口と奥行きの積が床面積となる．

〔4〕 光源光束

照明器具内の光源の定格光束である．ただし，LED を光源とする照明器具では構造的に器具と LED が分離できない一体型のものが多い．このような一体型の LED 照明器具の場合，光源に相当する LED ユニットの光束を測定できないため，光源光束の代わりに器具光束が用いられる．

〔5〕 保守率

保守率は，照明施設をある一定の期間使用した後の作業面上の平均照度の，その施設の新設時に同じ条件で測定した平均照度に対する比と定義されている．照明器具の保守率の考え方は，次の式で算出され，照明学会のガイド JIEG-001 で標準的な保守率の値が示されている[21]．

$$保守率 = 光源の設計光束維持率 \times 照明器具の設計光束維持率 \quad (8 \cdot 4)$$

光源の設計光束維持率は，製造業者から公表されている．

また，照明器具の設計光束維持率は次式で示される．

$$照明器具の設計光束維持率$$
$$= 光学系の劣化に対する維持率 \times 汚れに対する光束維持率 \quad (8 \cdot 5)$$

照明設計者は，保守率を導き出した条件を明らかにするとともに，ランプの交換頻度，照明器具の清掃頻度，清掃方法などを含む包括的な保守計画を使用者に提示することが望ましい．

〔6〕 照明率

照明率とは，光源の光束（一体型 LED 照明器具の場合は，器具光束）の何％が作業面に達するかを示す割合をいう．照明率は，照明器具の配光，器具効率，室指数（室の間口，奥行き，天井高さ，計算面高さの関係），室内の反射率によって決まる．**室指数** K_r は以下の式 (8・6) にて計算される．ここで，X は室の間口 [m]，Y は室の奥行き [m]，H は作業面から光源までの高さ [m] である．

$$K_r = \frac{XY}{(X+Y)H} \quad (8 \cdot 6)$$

光源を出た光は照明器具内で反射・吸収・透過されて器具外に出る．器具効率が高い場合は，多くの光が外に出る．外へ出た光は直接作業面を照射する光と，天井，壁，床で反射して作業面に到達する光がある．天井，壁，床の反射率が低いと後者の光は吸収される分が多く，作業面に達する光は少なくなる（**図 8・11**）．同じ光源高さでも，床面積の広い（室指数が大きい）ほうが照明器具から作業面に達する直接光の比率が大きく，同じ床面積であれば，光源高さの低い（室指数が大きい）ほうが作業面に達する直接光の比率が大きい．一般的に，反射するたびに光は吸収されるので，直接光の比率が大きい室指数の大きい室のほうが，作業面に達する光の比率が大きい（**図 8・12**）．

作業面の高さは，照明設計者が施設に応じて決める．照明設計時に特定できな

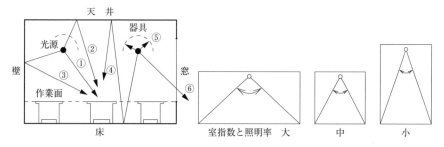

図 8・11　照明率の説明　　　　　**図 8・12　室指数と照明率の説明**

表 8・8　照明率表の例

反射率	天井	80%				70%				50%				30%				0%
	壁	70	50	30	10	70	50	30	10	70	50	30	10	70	50	30	10	0%
	床		10%				10%				10%				10%			0%
室指数		照明率（×0.01）																ZCM
0.6		26	22	19	17	25	21	19	17	24	21	19	17	24	21	18	17	16
0.8		30	26	24	22	29	26	24	22	29	26	23	22	28	25	23	22	21
1.0		33	29	27	25	32	29	27	25	31	29	27	25	30	28	26	25	24
1.25		35	32	30	28	34	32	30	28	33	31	29	28	32	31	29	28	27
1.5		36	34	32	30	36	33	32	30	35	33	31	30	34	32	31	30	29
2.0		38	36	34	33	38	36	34	33	37	35	34	32	36	34	33	32	31
2.5		39	37	36	35	39	37	35	35	38	36	35	34	37	36	35	34	33
3.0		40	38	37	36	39	38	37	36	38	37	36	35	37	36	36	35	34
4.0		41	40	39	38	40	39	38	37	39	38	38	37	38	38	37	36	35
5.0		41	40	39	39	41	40	38	38	40	39	38	38	39	38	38	37	36
7.0		42	41	40	40	41	41	40	39	40	40	39	39	39	39	39	37	37
10.0		42	42	41	41	42	41	41	40	41	40	40	40	40	40	39	39	38

第 8 章　屋内照明

い場合は，床上 0.8 m（机上視作業），床上 0.4 m（座業），または床もしくは地面のいずれかを採用する．

　照明率は，照明器具製造業者が提供するものを参照する．**表 8・8** に照明率表の例を示す．

〔7〕　照明器具の配置の決定

　光源の光束の平均照度の計算によって求められた所要照度をもとに，部屋の中の柱や，はりを考慮して規則的に配置してみる．一般に，計算結果と規則的に配置した時の台数は一致しない．実際に配置する場合は，所要照度以上とする必要があることから，計算結果よりも多い台数で配置する．例えば，方形の部屋にて所要照度を満たす台数が計算の結果が 53 台だとすると，9 × 6 台の計 54 台で均等に配置をする．そして，配置によって決めた台数でもう一度照度計算をして，その室の照度とする．

　照明器具の取付間隔が広すぎると，器具と器具の中間部分が暗すぎることがある．一般的には壁面と器具の間隔は，取付間隔の 1/2 とするが，壁面から離しすぎると，空間が暗い印象になるので，留意する．

8.3.7　照明条件のチェック

　配置を決定した照明設計について，8.2 節で述べた照明設計の要件について，その設定値をチェックし，各ステップで修正があれば，それに応じて光源や器具の再選択，配置の変更を行い再計算する．

8.4　照明設計の実際

　各施設の時間・空間における快適性の確保が重要視されるようになった．一方，地球環境問題に対する対策が重要になっているので，照明環境の質を保ちながら省エネルギーを推進する要点を述べる．

172

8.4.1 オフィスの照明

〔1〕 照　度

　最近のオフィスは，視覚情報の質の向上と量の増加に加えて，視作業の精密化，量の増加により，執務者の視力や輝度対比の弁別能力，色の識別能力などを良好に保ち，作業効率を上げ，疲労を軽減するために視覚系の機能を高める照明環境にする．JIS にて制定されている推奨照度を参考に，設計照度を決定する．作業域の照度均斉度（＝最小照度/平均照度）は 0.7 以上とする．

〔2〕 グレア

　執務者に不快グレアを与えないように，適切な照明器具を選ぶ必要がある．表 8・1 にも示されているように UGR は 19 を超えないことが望ましいとされている．したがって，図 8・6 に示すように，UGR 計算値が，$19.0 \leqq UGR$ 計算値 < 22.0 となる照明器具の採用を検討することが望ましい．

〔3〕 平均演色評価数 R_a

　オフィスでは，JIS Z 9112:2019 の演色性区分高演色形クラス 1 である R_a が 80 以上の光源を採用することが望ましい．

8.4.2 工場・倉庫の照明

　工場における照明は，生産性を保ちながら安全性を高めるため，非常に重要である．建物の天井高さは，20～30 m のものから，3 m 以下の低いものまで種々あり，天井に均等に配置する全般照明方式に加えて，適切な局部照明を採用して，水平面や鉛直面の視作業にふさわしい照度を得る．全般照明器具の壁面からの距離に留意し，壁面の明るさ感を確保する．

　冷凍，冷蔵倉庫が増えている．既存の蛍光ランプによる照明器具は低温での効率が低いので，低温での発光効率が高い LED 照明装置を検討するとよい．

8.4.3 店舗の照明

　店舗は，購買動機により，選択性の高い非日常的商品を扱うものと，選択性の低い日常的商品を扱うものに大別され，空間の演出方法が異なるので，それらにふさわしい照明を行う．

　例えば，衣料専門店のような非日常的な商品群の照明には，購入後に着衣した

状態確認と商品情報提供に貢献することが望まれる．また，客にとって疲労が少なく周回性を助けるビジュアルポイントに対する局部照明の効果的使用が望まれる．

一方で，例えば，食品売場のような日常的な商品群の場合は，商品の材質的な品質情報が重要で，記憶と比較することを助けるために，均質で比較的高い照度の照明が望まれる．

8.4.4 住宅の照明

〔1〕 照　度

住宅の照明設計は，昼間の昼光利用での明るさの不足分を補い，夜間の各空間の行為に適した光環境を創造しながら，照明エネルギー消費を削減することが求められる．JIS Z 9110：2010[11]などを参考に，用途別の設計照度を定める．居住者が高齢者の場合，文字が見やすいように照度の確保をする．また，移動時の歩行に支障がないように留意する．

〔2〕 照明方式

比較的小さい部屋では，天井面の中央に配置する照明器具でよい．比較的大きく，多目的に使用される居室では，だんらん，憩い，食事や学習など多目的に使用されるので，それらに対応できる照明手法を選ぶのが望ましい．リビングダイ

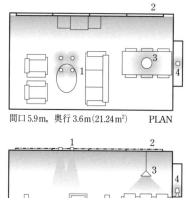

図 8・13　多灯分散照明方式の器具配置と照明状況

表 8・9　多灯分散照明方式の省エネルギー効果

番号	照明器具	灯数	消費電力 [W]	点灯時間 [h]	消費電力量合計 [Wh]
1	シーリングライト	1	30.6	4.0	122.4
2	間接照明	1	12.9	1.0	12.9
	一室一灯照明方式例の消費電力量の合計				135.3

番号	照明器具	灯数	消費電力 [W]	点灯時間 [h]	消費電力量合計 [Wh]
1	ダウンライト	4	18	1.8〜3.2	32.4〜57.6
2	間接照明	4	16.5	1.8〜2.5	29.7〜41.3
3	ペンダント	1	12.9	1.0	12.9
4	デスクスタンド	1	4.4	0.6〜1.0	2.6〜4.4
	多灯分散照明方式例の消費電力量の合計				77.6〜116.2
	多灯分散照明方式例の一室一灯照明方式例に対する消費電力量比				57〜86%

ニング室に対し，机用の照明，壁面用の照明などを設定した上に電気回路を分けた**多灯分散照明方式**[22]を適用した照明プランの例を**図 8・13**に示す[23]．そして，この図 8・13 の多灯分散照明方式で運用したときの消費電力量と，同じリビングダイニング室で照明のみ異なる，リビング室とダイニング室に各 1 台の一室一灯方式で運用したときの消費電力量を比較した結果を**表 8・9**に示す[23]（照明プラン例の器具をすべて 2024 年に発売されている LED 照明器具に置き換えて再計算）．点灯時間に左右されるが，今回の比較例では，ふさわしい照明器具を使い分ける多灯分散照明方式の消費電力量は，一室一灯照明方式の消費電力量に対して 57〜86% になる．

演習問題

[1] オフィス照明器具の配置を求めよ．室の寸法（内のり）は間口 19.2 m，奥行き 12.8 m，天井高さ 2.8 m である．推奨照度は 750 lx，設計照度は 750 lx とする．天井埋込型一体型 LED 照明器具で器具光束は 6 680 lm である．照明率は 0.81，保守率は 0.77 とする．まず所要台数を求め，適切な配置をした台数での，設計照度も導くこと．

[2] タスク・アンビエント照明方式を採用したオフィスで，天井面に均等配置

第8章　屋内照明

をしたアンビエント照明器具の配置を求めよ．室の寸法（内のり）は間口 19.2 m，奥行き 12.8 m，天井高さ 2.8 m である．推奨照度は 750 lx，作業面の設計照度は 750 lx，アンビエント照明器具による設計照度は 400 lx とする．アンビエント照明器具には，空間の明るさを確保することを狙い，天井面を照らす上方光のある天井直付け一体型 LED 照明器具を用いた．器具光束は 2 980 lm である．照明率は 0.78，保守率は 0.81 とする．まず所要台数を求め，適切な配置をした台数での，設計照度も導くこと．

3　問題 1 の全般照明方式と，問題 2 のタスク・アンビエント照明方式を採用したオフィスで，年間の消費電力量の差と全般照明方式の消費電力量の比〔％〕を求めよ．
　　問題 1 で用いた一体型 LED 照明器具の消費電力は 43 W/台，問題 2 のアンビエント照明に用いた一体型 LED 照明器具の消費電力は 19 W/台である．タスクライトは LED を光源とした照明器具で消費電力 9 W/台で 30 台とする．年間の点灯時間は，3 000 時間．タスクライトも 3 000 時間とする．

参考文献

1) JIS Z 9125：2023　屋内照明基準
2) 秋月，井上：視力および読み易さ・明るさ感評価に対する視距離の影響，建学大会 D1，pp. 417-418（1999）
3) 井上：やさしい照明技術，利用者の視力に応じた必要輝度の予測法，利用者の最大視力と視力比曲線を用いて，照学誌，86-7，pp. 466-468（2002）
4) Y. Inoue & Y. Akizuki: The Optimal Illuminance for Reading, Effects of Age and Visual Acuity on Legibility and Brightness, J. Light Vis. Environ., 22-1, pp. 23-33 (1998)
5) 石田：空間の明るさ感の評価―仮想輝度分布法―，照学誌，86-10，pp. 759-763（2002）
6) 山口，篠田，池田：照明認識視空間の明るさサイズの測定による実環境における空間の明るさ感の評価，照学誌，86-11，pp. 830-836（2002）
7) 岩井，井口：空間の明るさ感指標「Feu」による快適な空間創りのための新しい照明評価手法，Matsushita Technical Journal，53-2，pp. 64-66（2008）
8) 加藤，太田，羽入，関口：光の到来バランスを考慮した空間の明るさ感の評価，日本建築学会環境系論文集，68-568，pp. 17-23（2003）
9) 坂田，中村，吉澤，武田：輝度対比量に基づく空間の明るさ感推定モデル，日本建築学

会環境系論文集，82-732，pp. 129-138（2017）

10) 加藤，沼尻，山口，岩井，坂田，鈴木，原，吉澤：空間の明るさ指標としての画像測光による平均輝度の適用性の検討，日本建築学会環境系論文集，84-766，pp. 1059-1066（2019）

11) JIS Z 9110:2010　照明基準総則

12) 小山，野口：光の非視覚的生理作用を考慮した良質睡眠確保に役立つ照明制御技術，BIO INDUSTRY，23-7，pp. 36-41（2006）

13) 野口：光とメラトニン，照学誌，93-3，pp. 134-137（2009）

14) 大川：生体リズムと光，照学誌，93-3，pp. 128-133（2009）

15) 照明学会：JIEG-002　照明合理化の指針（第2版）（2011）

16) 日本建築学会環境基準：AIJES-L0002-2016　照明環境規準・同解説（2016）

17) 照明学会：JIEG-009　住宅照明設計技術指針（2018）

18) 照明学会：JIER-112　照明器具の適正交換に関する報告書（2010）

19) 照明学会：JIER-043　タスク・アンビエント照明システム研究調査委員会報告書（1995）

20) 田淵，中村，松島，別府：事務所で局部照明を併用する場合の好ましい照度バランスに関する研究，照学誌，75-6，pp. 275-281（1991）

21) 照明学会：JIEG-001　照明設計の保守率と保守計画（第3版）—LED対応増補版（2013）

22) 三木，戸倉，浅田，松下：小型高効率ランプを用いた多灯分散照明の提案とリビング・ダイニングにおける被験者評価及び省エネルギー性評価：住宅における多灯分散照明による光環境の質と省エネルギー性の両立に関する研究　その1，日本建築学会環境系論文集，71-603，pp. 9-16（2006）

23) 国土技術政策総合研究所・独立行政法人建築研究所（監修）：蒸暑地版　自立循環型住宅への設計ガイドライン，建築環境・省エネルギー機構（2010）

第**9**章

屋外照明

　屋外照明の目的は，夜間の視覚情報を提供し，人々の活動できる時間を拡大することにある．道路・トンネルにおける安全な通行，街路における安全な歩行のために，適切な照明によって事故や犯罪による危険や損害を防止することができる．また，屋外のスポーツ施設においては安全で楽しい余暇活動を可能とした．本章では，道路照明，トンネル照明，街路照明，屋外スポーツ照明の計画に際して，考慮すべき基本事項を解説する．

第 9 章　屋外照明

9.1　道路照明

9.1.1　道路照明の目的

　道路照明の目的は，夜間において，道路交通を安全かつ円滑に走行できるようにすることであり，次に示す視環境を確保する必要がある．

①　道路上の障害物または歩行者などの存在および位置

②　道路線形，道路幅員などの道路構造

③　交差点，分合流点，屈曲部などの存在および位置

④　車両の存在および種類，速度，移動方向

⑤　道路周辺の状況

9.1.2　道路照明の要件

　道路照明において良い視環境を確保するためには，次に示す要件を考慮する必要がある．

①　平均路面輝度が適切であること

②　路面の輝度均斉度が適切であること

③　運転者へのグレアが十分抑制されていること

④　適切な誘導性を有すること

9.1.3　路面輝度と障害物の見え方

　道路照明における障害物は，一般的に明るい路面を背景として，黒いシルエットとして見える．そのため路面の明るさ（路面輝度）が十分でない場合には，障害物を視認することができない場合がある．

9.1.4　グレア

　グレア（まぶしさ）には，次に示す 2 通りがある．

〔1〕　不快グレア

　光源の輝きが眼の順応状態に対して大きい場合に，不快な感じを生じさせる

180

まぶしさのこと.

〔2〕 視機能低下グレア

背景の高輝度光源などによって，眼球内に生じる散乱光が視対象物の網膜上にかぶさって物の見え方を低下させるまぶしさのこと．減能グレアとも呼ばれる視機能低下グレアは，知覚しうる最小輝度差の増加値（TI 値）で表される.

9.1.5 誘導性

運転者が道路を安全に走行するためには，前方の道路の線形の変化および分合流の状況を予知する必要がある.照明設備によるこのような効果を誘導性という.

照明器具の配置や輝度分布を適切にすることで，良好な誘導性が生まれる.

9.1.6 照明計画

〔1〕 基準値の決定

道路照明の設計を行うにあたり，まず基準値の設定を行う．基準値は「道路照明施設設置基準・同解説」に記載されており，以下に示す 4 つの基準値が定められている.

- ・ 平均路面輝度
- ・ 総合均斉度
- ・ 車線軸均斉度
- ・ 視機能低下グレア（TI 値）

なお，後述する高欄照明方式では路面輝度による設計が難しいため，鉛直面照度や水平面照度を用いて設計することがある.

〔2〕 光源および灯具の選定

光源は以下の要件を考慮して選定する．過去には高圧ナトリウムランプやセラミックメタルハライドランプなどの HID ランプが使われていたが，近年では，以下のような優れた特性を備えた LED が主流となっている.

- ・ 高効率，長寿命である
- ・ 周囲温度の変化に対して安定している
- ・ 光色と演色性が適切である

道路照明に使用される灯具は，次に示す 2 つのタイプに分類することができる.

- **カットオフ**　水平方向の光を極力カットした配光になっており，運転者に与えるまぶしさが少ない．このような配光の器具は，道路交通に影響を及ぼすような光のない道路（周囲が暗い道路）での使用に適している．
- **セミカットオフ**　水平に近い光を抑え，運転者のまぶしさを少なくしつつ，縦断方向への光の延びも考慮している配光．カットオフ器具より照明間隔を広くしても均斉度の低下をカバーできる配光だが，光が周囲に広がるため，光害の原因となる可能性がある．

〔3〕　**照明方式**

主な道路照明方式には，**図 9・1** に示すようにポール照明方式，高欄照明方式，構造物取付照明方式，ハイマスト照明方式があり，目的や場所に応じて使い分ける必要がある（**表 9・1**）．ポール照明方式が主流だが，近年は高欄照明方式を採用する施設が増加している．

道路照明の灯具の配列には，**図 9・2** に示すように片側配列，千鳥配列および向き合せ配列がある．各配列の特徴を以下に示す．

- **片側配列**　曲線道路または市街地道路ならびに中央分離帯のある道路に用いる．
- **千鳥配列**　直線道路には適しているが，曲線道路では誘導性が悪く，路面輝度の均斉度が低下する．
- **向合せ配列**　直線道路ならびに広い曲線道路に適し，誘導性は良好である．

〔4〕　**照明計算**

路面の基準輝度は，道路の種類と外部条件により $0.5 \sim 2.0\,\mathrm{cd/m^2}$ に設定する．

(a) ポール照明

(b) 高欄照明

(c) 構造物取付照明

(d) ハイマスト照明

図 9・1　照明方式

9.1 道路照明

表 9・1 照明方式の比較

項目	ポール照明	高欄照明	構造物取付照明	ハイマスト照明
概要	地上 8～12 m のポールの先端に照明器具を取り付け照明にするもので広く使用されている方式	ポール照明方式が採用できない所で高欄に低ワットの灯具を取り付けて道路を照明する方式	道路上または道路側方に設置されている構造物に直接照明器具を取り付けて照明する方式	・照明塔などによる高所からの照明で、通常地上高 20～40 m 程度の照明塔に大容量の光源を多数取り付けて照明する方式 ・照明器具が地上に下りてくるようにした昇降装置付もある
長所	・ポールの連立により誘導性がある ・比較的経済的である	・誘導性がよい ・昼間の景観がよい	・ポールなどの支持物が不要であり、建設費が安価となる場合がある ・昼間の景観がよい	・ポールの本数が少なく、スッキリとした景観になる ・シンボルとして利用できる
短所	保守作業の場合、道路を規制する必要がある	・幅の広い道路では均斉度が悪い ・取り付け高さが低くグレアの生じる可能性が大きい	・取り付け位置や照明器具の選定に制限がある ・取り付け高さが低くグレアの生じる可能性が大きい	・誘導性に欠ける ・施設外に光がもれる
用途	・インターチェンジ ・パーキングエリアのランプウェイ ・道路本線	・空港周辺で灯具の高さに制限がある場所 ・ポールが設置できない場所	・遮音壁のある道路 ・トラス橋	・インターチェンジ ・パーキングエリア ・料金所広場

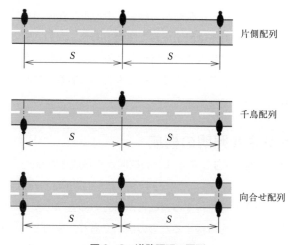

図 9・2 道路照明の配列

第 9 章　屋外照明

平均輝度の計算は光束法で行い，以下の式を用いる．

$$L \cdot K = \frac{\varPhi \cdot N \cdot U \cdot M}{S \cdot W} \qquad\qquad (9 \cdot 1)$$

L：平均輝度〔cd/m²〕，K：平均照度換算係数〔lx/(cd/m²)〕，$\varPhi$：器具光束〔lm〕，U：照明率，M：保守率，N：配列係数〔片側配列，千鳥配列：1，向合せ配列：2〕，S：照明器具間隔〔m〕，W：道路幅員〔m〕

照度と輝度の平均照度換算係数はアスファルト路面の場合 15 lx/(cd/m²)，コンクリート路面の場合 10 lx/(cd/m²) とする．

9.2　トンネル照明

9.2.1　トンネル照明の目的

　トンネル照明の目的は，主に昼間時の明るい屋外から暗いトンネル内に入るときに，安全かつ快適に走行できるようにすることにある．したがって，照明設備は屋外の明るさ（野外輝度）に応じたトンネル内部の明るさを得る必要があり，トンネル付近の地形，方位，接続道路の線形，車の走行速度等を把握することが重要になる．また，トンネルは密閉された空間であり，天井，壁の輝度が走行する運転者の視覚情報の確保に大きな影響を与えるため，運転者が安全かつ快適に走行するためには路面だけでなく天井，壁をも含めた明るさのバランスを適切にし，良好な視環境を作る必要がある．

9.2.2　トンネル照明の構成

　トンネル照明は，**図 9・3** に示す 4 つの照明から構成される．

〔1〕　**基本照明**

　基本照明は，トンネルを走行する運転者が前方の障害物を安全な距離から視認するために必要な明るさを確保するための照明であり，原則としてトンネル全長にわたり灯具を一定間隔に配置する．基本照明のみの区間の照明を基本部照明と

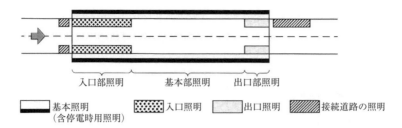

図 9・3 トンネル照明の構成

いう．

〔2〕停電時照明

運転者がトンネル内を走行中に突然停電にあうと，走行上極めて危険な状態に遭遇する．このような危険を防止するために設ける照明を停電時照明といい，基本照明の一部を兼用することが一般的である．停電時の電源を供給する方法として，予備発電設備，または無停電電源装置（蓄電池とインバータ）がある．

〔3〕入口部照明

明るい野外から暗いトンネルに進入する際，非常に大きな輝度差のために運転者の目の順応が追い付かず，トンネル内部の視認が困難になることがある（ブラックホール現象，ブラックフレーム現象）．入口部照明は，順応の遅れを緩和するための照明であり，入口部には基本部より高いレベルの照明設備が必要となる．入口照明とは，トンネル入口部において基本照明に付加される照明であり，入口部照明とは基本照明と入口照明を加えたものをいう．

〔4〕出口部照明

入口とは逆に，暗いトンネルから明るい野外に出る際，大きな輝度差により視認性が低下する（ホワイトホール現象）．出口部照明は視認性の低下を緩和するための照明であり，出口部には基本部より高いレベルの照明設備が必要となる．出口照明とは，トンネル出口部において基本照明に付加される照明であり，出口部照明とは基本照明と出口照明を加えたものをいう．

〔5〕接続道路の照明

夜間，入口部においてトンネル入口付近の幅員の変化を把握させるため，あるいは出口部においてトンネル内から出口に続く道路の状況を把握させるために設置する照明をいう．

第9章　屋外照明

〔6〕　特殊構造部の照明

トンネル内の分合流部，非常駐車帯，歩道部および避難通路に設置する照明のことをいう．

9.2.3　照明計画

〔1〕　基準値の決定

トンネル照明の設計を行うにあたり，まず，トンネル照明を構成する照明要素ごとの所要輝度や区間長などの基準値を設定する必要がある．

「道路照明施設設置基準・同解説」には以下の基準が示されている．

・平均路面輝度

・総合均斉度

・車線軸均斉度

・視機能低下グレア（TI値）

・誘導性

上記のほか，フリッカ現象（ちらつき）や路面と壁面の輝度比にも配慮する必要がある．

基本照明の平均路面輝度の基準値を**表 9・2**に示す．

表 9・2　平均路面輝度（基本照明）

設計速度〔km/h〕	平均路面輝度〔cd/m^2〕
100	9.0
80	4.5
70	3.2
60	2.3
50	1.9
40 以下	1.5

〔2〕　光　源

トンネル照明の光源は，高照度を得るために効率がよく，保守作業が少なくなる長寿命のものが適している．

高圧ナトリウムランプ，低圧ナトリウムランプ，蛍光ランプ，セラミックメタルハライドランプなどが用いられてきたが，近年では道路照明と同様，LED が主流になっている．

〔3〕 照明器具の配列

トンネル照明の配列方式は，以下に示す 4 種類の配列があり，照明器具の配光，路面の輝度分布，視線誘導効果，保守および経済性などを考慮して選定する．

- ・千鳥配列
- ・向合せ配列
- ・片側配列
- ・中央配列

照明器具の取付間隔は，不快感を生ずるちらつきが発生しないように以下の式を満足するようにする．

$$S<V/54 \text{ あるいは } V/18<S \tag{9・2}$$

S：設置間隔〔m〕

V：走行速度〔km/h〕

〔4〕 照明方式

・対称照明方式 対称照明方式とは，隅角部に照明器具を取り付け，道路横軸に対して対称配光の照明器具を使用する照明方式のことをいい，基本照明および入口照明に用いられる．

・カウンタービーム照明方式 カウンタービーム照明方式とは，隅角部に照明器具を取り付け，走行する車両の進行方向と逆方向に照明する照明方式．交通量の少ないトンネルの入口照明に適しており，運転者側への高い路面輝度と障害物正面が暗くなることから，路面と障害物に高い輝度対比を得やすい特徴がある．

・プロビーム照明方式 プロビーム照明方式とは，隅角部に照明器具を取り付け，走行する自動車の進行方向に照明する照明方式．トンネル坑口付近に存在する先行車の背面を照明することにより，先行車に対する視認性を改善した照明方式で，交通量の多いトンネルの入口照明で補足的に用いられる．

〔5〕 照明計算

路面輝度は，野外輝度，設計（走行）速度などによって入口部や基本照明の輝度を設定する．平均輝度の計算は光束法で行い，式 (9・1) を用いる．ただし，照度と輝度の平均照度換算係数 K は，アスファルト路面の場合 $18\,\text{lx}/(\text{cd/m}^2)$，コンクリート路面の場合 $13\,\text{lx}/(\text{cd/m}^2)$ を用いる．

中央配列では，配列係数 N は 1 とする．

第9章　屋外照明

9.3　街路照明

9.3.1　街路照明の目的

街路照明の目的は，夜間において，歩行者が安全かつ円滑に通行できるようにすることであるが，景観や光害に配慮することも重要である．

街路照明に必要な視環境の要件を以下に示す．

① 障害物や歩行者などの視認性を満たす配光，照度

② 景観に溶け込む器具の形状，大きさ，色彩，光色

③ 不快なグレア，光害につながる障害光が少ないこと

9.3.2　街路照明の明るさ

歩行者を中心とした通路や広場においては，接近してくる人の表情を離れた距離からでも確認できる明るさが必要となる．この明るさは，周辺の明るさや交通量を考慮して設定する．また水平面照度だけではなく鉛直面照度も重要である．JIS C 9110:2010，照明学会および国際照明委員会（CIE）などでは，推奨照度を定めており，防犯設備協会の基準もよく参照されている．

JIS Z 9110:2010 の推奨照度を**表9・3**に示す．

表9・3　通路，広場および公園における推奨照度（維持水平面照度）

領域，作業または活動の種類		交通量	照度〔lx〕
歩行者交通	屋外	多い	20
		中程度	10
		少ない	5
	地下	多い	500
		中程度	300
		少ない	100
		非常に少ない	50
交通関係広場の交通		多い	50
		中程度	30
		少ない	15

9.3.3 街路照明の形状，大きさ，色彩，光色構成

街の中には，さまざまな形状，材質，色彩があふれている．このような環境の中での照明器具は，自己主張の少ない普遍的なデザインであると同時に，環境に融合した違和感の少ない色彩であり，光色であることが必要となる．

9.3.4 街路照明のグレア

街路灯の輝きは，規則正しく配列することにより道路形状を明らかにし，人を誘導する働きがあると同時に，明かりとして安心感や賑わいを与える役目がある．しかし，その輝きが強すぎるとグレアとなり，人を不快な気分にしたり，人の視認性を妨げたり，景観照明などの演出効果を低下させてしまう．そのため設置場所や用途に応じてグレアに配慮した照明器具を選定する必要がある．

光害対策ガイドライン（2021）より，照明器具発光面の輝度と光度による歩行者空間のグレア基準を**表 9・4**に示す．

また，JIS Z 9110:2010 によれば，屋外グレア評価値 GR によって屋外空間のグレア制限を定めている．通路，広場，公園のグレア制限値を**表 9・5**に示す．GR についての詳細は 9.4 節を参照のこと．

表 9・4　歩行者空間におけるグレア評価基準

鉛直角 85°以上の輝度※	20 000 cd/m² 以下		
照明器具の高さ	4.5 m 未満	4.5 m 以上 6.0 m 未満	6.0 m 以上 10 m 未満
鉛直角 85°方向の光度	2 500 cd 以下	5 000 cd 以下	12 000 cd 以下

※鉛直角 85°方向の光度から推測してもよい．

表 9・5　通路，広場，公園のグレア制限値（GR）

領域，作業または活動の種類												
歩行者交通							交通関係 広場の交通			危険レベル		
屋外			地下									
多い	中程度	少ない	多い	中程度	少ない	非常に少ない	多い	中程度	少ない	高い	中程度	低い	非常に低い
50	50	55	―	―	―	―	50	50	55	45	50	50	55

※表中の GR の値は，許容される制限値を表す．

第 9 章　屋外照明

9.4　スポーツ照明

9.4.1　スポーツ照明の目的

　スポーツ施設の照明は，競技空間の照明であり，動いている競技者が動いている視対象物を見て，瞬時に正確な判断が下せるようにすることが要求される．このため照明設計では，競技種目によって異なる視対象物の大きさ，動き，競技範囲などを十分に把握し，競技面，競技空間および背景に適切な明るさを配分するとともに，競技者等の視線方向を考慮して競技に集中できるような視環境を作る必要がある．

9.4.2　スポーツ照明の要件

〔1〕　照度および均斉度

　所要照度は水平面照度で規定されることが多く，JIS Z 9110:2010 や各競技団体の基準で定められているが，球技におけるボールなどの見え方を重視する競技においては空間の明るさも重要となる．また，明るさにむらがあると競技に影響するため，照度均斉度（最小/平均）を確保する必要がある．

〔2〕　背景の明るさ，陰影，立体感

　背景との対比で選手やボールなどの見え方が変化する．背景が明るすぎると対比が少なくなって視対象物が見えにくくなる．背景が暗すぎても距離感や速度感覚を誤るおそれがある．JIS Z 9127:2020 によれば，映像または画像の背景となる観客席などの照度は，基準面における空間照度の平均値の 25% 以上としている．距離感を得るには，視対象に陰影をつけ，それが立体的に見える必要がある．JIS Z 9127:2020 では，立体感は以下の式を満足すればよいとしている．

$$0.5 \leqq E_{sp}/E_h \leqq 2.0 \tag{9・3}$$

　E_{sp}：**空間照度**（平均円筒面照度，半円筒面照度，互いに直交する鉛直面
　　　　照度の 4 方向の平均値などを用いる）

　E_h：水平面照度

〔3〕 グレア

　グレアは，視対象物の見え方や競技への集中力を低下させる原因となるため，極力軽減することが求められる．しかし，競技によってはあらゆる位置からあらゆる方向を見るため，完全にグレアをなくすことは難しい．グレアには，減能グレアと不快グレアの2つの種類がある．

・**減能グレア**　　減能グレアとは，競技者の視界に輝度の高い光源（器具）が直接目に入った場合，視対象物が見えなくなったりするなど，競技者のスポーツ能力に悪影響を及ぼすものをいう．

・**不快グレア**　　不快グレアとは，競技者等に不快感を与え，競技への集中力を低下させることをいう．不快グレアは，式（9・4）に示す GR を計算することで予測することができる．基本的には 50 以下となるよう，照明器具の配置と照射方向に配慮する．GR と不快グレアの関係を**表 9・6** に，GR の考え方を**図 9・4** に示す．

・**透過光幕輝度**　　高輝度の光が目に入射すると屈折，拡散し眼球内をほぼ一様

表 9・6　GR と不快グレアの程度

GR	不快グレアの判定
90	耐えられない
70	邪魔になる
50	許容できる限界
30	あまり気にならない
10	気にならない

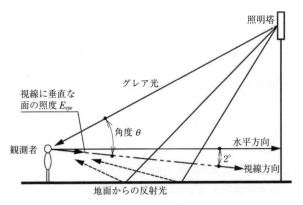

図 9・4　屋外（スポーツ）施設のグレア評価

第9章　屋外照明

な輝度で輝かせる．これは，レースのカーテンを通してものを見るときと同様の効果を生じ，コントラストの低下により視覚機能を低下させる．このときに眼球内に生じる一様な輝度を「等価光幕輝度」と呼ぶ．

$$GR = 27 + 24\log\left(\frac{L_{vl}}{L_{ve}^{0.9}}\right) \qquad\qquad (9\cdot4)$$

$$l_{vl} = L_{v1} + L_{v2} + \cdots + L_{vn}$$

$$L_{vn} = 10 \times \frac{E_{eye}}{\theta^2}$$

$$L_{ve} = 0.035 \times E_{hav} \times \frac{\rho}{\pi}$$

ここに，L_{vl}　：個々の照明器具によって生じる等価光幕輝度〔cd/m²〕の合計
　　　　L_{vn}　：個々の照明器具の光幕輝度〔cd/m²〕
　　　　E_{eye}　：観測者の視点に対して垂直な面の照度〔lx〕（水平下方2°）
　　　　θ　：観測者の視線と個々の照明器具とのなす角〔°〕
　　　　L_{ve}　：環境の等価光幕輝度〔cd/m²〕
　　　　ρ　：領域（地面など）の平均反射率
　　　　E_{hav}　：全運動競技面の平均照度〔lx〕

〔4〕　ストロボ現象

ストロボ現象は，ボールなど高速に動く視対象が断続的に動いているように見える現象であり，競技に支障を与えたり，写真やテレビジョンの画質を低下させることがある．そのため，ストロボ現象を避けるように設計する．

HID ランプが主流だった頃は三相交流の電源を用いて点灯の位相をずらし，ストロボ現象を緩和していた．LED の場合はストロボ現象を考慮して，出力の変動を抑えた回路設計の LED 制御装置を用いる．

〔5〕　光　色

光色は，運動競技者の心理状態に影響を及ぼすもので，特別な理由のない場合には JIS Z 9110:2010 に記載されている光色のうち，中間色を用いる．また，テレビジョン撮影および写真撮影にも影響を及ぼすので，昼光および人工光を併用する場合には，昼光と調和する 4 000〜6 500 K の光色を用いる．

〔6〕 平均演色評価数

演色性は，照明によって，どれだけ忠実にその物本来の色を再現できるかを表している．照明器具（光源）の平均演色評価数 R_a を用いて評価する．

9.4.3 照明計画

〔1〕 光　源

広範囲を高い照度で照明することから，大光束で，効率の高い光源を選定する．HID 光源が主流であったが，LED の高出力化が可能となり，HID から LED への置き換えが進むなど，近年では LED 光源が主流となっている．また，人の肌色，ユニフォームの色などが不自然に見えないよう，光色と演色性を考慮する．

〔2〕 照明器具の配置

照明器具は，競技者の視線方向を考慮し，グレアの生じやすい位置を避けて配置する．バレーボールやバスケットボールなどの屋内競技では，ネット，ゴール真上や競技コート長軸中央断面上への配置を避ける．陸上競技やサッカー場などの屋外では，図 9・5 のようにサイド配置やコーナー配置とする．投光器は表 9・7 に定める高さに設置し，照度と GR が基準を満足するかを確認する．

〔3〕 照明計算

屋内施設をダウンライトや高天井用器具で照明する場合は，平均照度を光束法

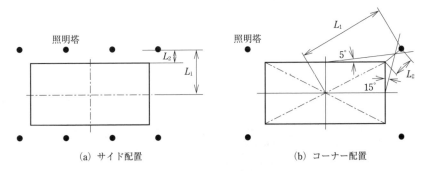

(a) サイド配置　　　　　　　　　　　(b) コーナー配置

図 9・5　照明器具の配置

表 9・7　照明器具の取付け高さ

照明方式	照明器具最下段の取付け高さ H[m]
サイド配置	$0.35L_1 \leq H \leq 0.6L_1$ かつ $L_2 \leq H \leq 4L_2$
コーナー配置	$0.35L_1 \leq H \leq 0.6L_1$ かつ $H \leq 3L_2$

で計算できる．投光器による照明や照度均斉度を計算する場合は逐点法が適している．

〔4〕 テレビジョン撮影のための照明

テレビジョンカメラの特性は人間の眼の機能に比べて不十分なところがあり，良質な画像を得るには質の高い照明環境が要求される．空間照度，最大照度に対する最小照度の割合，相関色温度，平均演色評価数，観客席の照度を満たすほか，画面上のフリッカの防止と正しい色再現のための条件を整える必要がある．

テレビジョン撮影を行う場合の主な要件は以下のようなものがある．

・照度

・最大照度に対する最小照度の割合

・相関色温度

・平均演色評価数（R_a）

・観客席の照度

JIS Z 9127:2020 より，テレビジョン撮影を行う場合の照度を**表9・8**に示す．

テレビジョン撮影を行う場合の，基準面の水平面照度および空間照度の最大照度に対する最小照度の割合は，次に示す範囲を満たすことが要求される．また，水平面照度の勾配は，5 m 当たり 25％ を超えないこととされている．

水平面照度　　$E_{h, min}/E_{h, max} \geqq 0.5$

空間照度　　　$E_{sp, min}/E_{sp, max} \geqq 0.3$

表9・8　撮影のための照度（S/N 比 50 db および標準的なカメラ[注4]）

	カメラを通して見た場合の被写体の速度		
	比較的緩やか[注1]	中程度の速度[注2]	比較的速い[注3]
撮影距離　25 m	500 lx	700 lx	1 000 lx
撮影距離　75 m	700 lx	1 000 lx	1 400 lx
撮影距離　150 m	1 000 lx	1 400 lx	−

注1）比較的緩やかな競技：アーチェリー，体操，ビリヤード，ボウリング，カーリング，馬術，水泳など

注2）中程度の速度：バドミントン，野球，ソフトボール，バスケットボール，ボブスレー，リュージュ，フットボール，ハンドボール，ホッケー，アイススケート，柔道，テニス，競輪，競馬，ドッグレース，ローラースケート，スキー・ジャンプ，スピードスケート，バレーボール，レスリングなど

注3）比較的速い競技：ボクシング，クリケット，フェンシング，アイスホッケー，ラケットボール，スカッシュ，卓球など

注4）S/N 比：カメラの出力信号と，その中に含まれているノイズとの比．値が大きい程ノイズが少ない．単位はデシベル［dB］

相関色温度は，3 000～6 500 K とし，屋外照明設備を薄暮から使用する場合は，相関色温度を 4 000～6 500 K とする．

平均演色評価数 R_a は，80 以上とする．

映像または画像の背景となり得る観客席の照度は，基準面における空間照度の平均値の 25% 以上とする．

9.5 光 害

9.5.1 光害とその影響

本来照明すべき範囲以外への光や過剰な明るさなどは，エネルギーを無駄に消費するだけではなく，人や動植物への悪影響や，きれいな夜空や景観を損ねる原因となる．光害対策ガイドライン（2021 年改訂版）では，地域の特性に応じた光環境類型と目指すべき光環境を示している．

光害対策ガイドラインによれば，光害による影響には以下のようなものが挙げられる．

〔1〕 人への影響

屋外照明の住居などへの侵入光によって，安眠やプライバシーが妨げられる．

ビルや店舗，ショーウインドウ，サイン照明がグレアや不快感を感じさせるなど，快適性を損なうことがある．青色光を含む光を夕方以降に浴びることは概日リズムを乱す原因ともいわれる．

屋外照明の選定と設置が不適切だと必要な照度が得られないだけでなく，不快グレアや減能グレアを生じて安全性が損なわれることがある．

〔2〕 動植物への影響

屋外照明からの漏れ光は，夜間の捕食活動や繁殖活動などの生態に影響を与える．波長によって影響が異なるため，明るさだけではなく，光色の検討も必要となる．主な動物への影響を**表9・9**に示す．

屋外照明は光合成や成長，開花時期など植物の生態にも様々な影響を与える．主な植物への影響を**表9・10**に示す．

第9章　屋外照明

表9・9　動物への影響

影響項目	光への反応	分類群	問題発生事例
移動	光源へ向かう（走光性） 光源を避ける（背光性）	昆虫類 魚類	害虫の誘因 希少種の誘殺 食物連鎖の乱れ
	移動方向の決定に作用する	昆虫類 鳥類 両生類 爬虫類	ウミガメの産卵の障害 ホタルの消失
生息・育成	生息活動に照度・光色が影響する	哺乳類 昆虫類 魚類 鳥類 家畜	夜行性鳥類の消失 生理の不順 食物連鎖の乱れ

表9・10　植物への影響

植　物		屋外照明の影響
作物・野菜	水稲	品種により異なるが数 lx の照度でも出穂が遅延．照度の増加に伴い遅延日数も長くなり不出穂の場合も発生
	ホウレンソウ，シュンギク，カラシナ	抽苔・開花促進を生じ，商品価値が損なわれる．その程度は品種間，栽培時期で異なる
	タマネギ	苗が小さくとも鱗茎を形成し，鱗茎が充分肥大しないうちに成熟してしまう
樹木・花木	アオギリ，スズカケノキ，ニセアカシア，ユリノキ，プラタナス	落葉が遅れ，冬芽形成などの休眠誘導を阻害
	トウカエデ	幾分，落葉の遅れが見られる
	ツツジ	葉がなくなるなどの影響がある

〔3〕　**夜空の明るさへの影響**

　上方光が大気中で散乱し，夜空が明るくなる（スカイグロー）ことで星が見えにくくなり，天体観測の妨げとなる．星空を観光資源としている地域においては資源としての価値が失われかねない．

9.5.2　光環境類型

　地域の特性によって目指すべき光環境が異なるため，地域の特性に応じた「光環境類型」が定められている．光環境類型は光害対策ガイドラインに示されており，**表9・11**に示すように E1〜E4 まで分類されている．

9.5 光 害

表 9・11 光環境類型

E1	自然公園や里地などで，屋外照明設備などの設置密度が低く，本質的に暗く保つべき地域
E2	村落部や郊外の住宅地などで，道路照明灯や防犯灯などが主として配置されている程度であり，周辺の明るさが低い地域
E3	都市部住宅地などで，道路照明灯・街路灯や屋外広告物などがある程度設置されており，周囲の明るさが中程度の地域
E4	大都市中心部，繁華街などで，屋外照明や屋外広告物の設置密度が高く，周囲の明るさが高い地域

表 9・12　光害対策ガイドラインで設定する指針値等（その 1）

照明密度	光環境類型	地域対象イメージ	主となる照明種別	配慮すべき影響	指定された方向への最大光度値	
					減灯時間前	減灯時間後
低↑	E1	・自然公園 ・自然景観地域 ・田園 ・里地 など	道路照明灯 防犯灯	動物への影響 植物への影響 夜空の明るさへの影響	2 500 cd	0 cd
	E2	・郊外 ・田園，山間地域の集落，町，村 など	道路照明灯 防犯灯 街路灯	居住者への影響 歩行者への影響 動物への影響 植物への影響 夜空の明るさへの影響	7 500 cd	500 cd
	E3	・都市の周辺 ・都市周辺住宅地 ・市街地（工業地域） など	道路照明灯 防犯灯 街路灯 屋外広告物照明 屋外設置物照明 屋外展示物照明 屋外作業場の照明	居住者への影響 歩行者への影響 夜空の明るさへの影響	10 000 cd	1 000 cd
↓高	E4	・都市中心部 ・繁華街 ・商店街 ・オフィス街 など	道路照明灯 街路灯 屋外広告物照明 屋外設置物照明 屋外作業場の照明	歩行者への影響 夜空の明るさへの影響	25 000 cd	2 500 cd

光環境類型に対応した照明種別，配慮すべき影響，各指針値を**表 9・12**，**表 9・13** に示す.

表9・13 光害対策ガイドラインで設定する指針値等（その2）

最大鉛直面照度値		発光面の平均輝度の最大許容値		上方光束比の最大許容値	目標設定例
減灯時間前	減灯時間後	建物ファサード	看板		
2 lx	0 lx	(減灯時間前) $<0.1\,\mathrm{cd/m^2}$ (減灯時間後) $0\,\mathrm{cd/m^2}$	(減灯時間前) $50\,\mathrm{cd/m^2}$ (減灯時間後) $0\,\mathrm{cd/m^2}$	0.0%	・自然環境，農作物への影響に配慮した屋外照明の設置 ・星空の保護
5 lx	1 lx	$5\,\mathrm{cd/m^2}$	$400\,\mathrm{cd/m^2}$	2.5%	・自然環境，農作物への影響に配慮した屋外照明の設置 ・居住者への影響の防止 ・星空の保護
10 lx	2 lx	$10\,\mathrm{cd/m^2}$	$800\,\mathrm{cd/m^2}$	5.0%	・居住者への影響の防止と住環境整備の両立 ・夜空の明るさへの配慮
25 lx	5 lx	$25\,\mathrm{cd/m^2}$	$1\,000\,\mathrm{cd/m^2}$	15%	・都市夜景のデザイン性の向上 ・広告物，設置物のおける照明の使用の適正化 ・夜空の明るさへの配慮

演習問題

1. 道路幅員7.0mの2車線のアスファルト道路を10mポール，片側35m間隔で連続照明し，$1.0\,\mathrm{cd/m^2}$を得たい．照明率0.32，保守率0.70とした場合の所要器具光束を求めよ．
所要器具光束は小数点以下第一位を切り上げて整数とすること．

2. 屋外のグラウンドにおいて，照明灯最下段の適切な設置高さを求めよ．照明灯はサイド配置とし，グラウンド中央から21m，グラウンド端部から12mの位置に設置する．設置高さは整数とする．

3. 交通量の多い屋外の歩行者通路において，適切な照度と光度の制限値をあげよ．照明器具の取付高さは5m，光度は鉛直角85°方向の光度とする．

参考文献

1) 一般社団法人照明学会（編）：照明ハンドブック（第3版），オーム社（2020）
2) 日本照明工業会ガイド116：障害光低減のための屋外照明機器の使い方ガイド（2002）
3) 環境省：光害対策ガイドライン（2021）
4) 日本道路協会：道路照明施設設置基準・同解説（2007）
5) 日本産業標準調査会：JIS Z 9110:2010，照明基準総則，日本規格協会
6) 日本産業標準調査会：JIS Z 9127:2020，スポーツ照明基準，日本規格協会
7) 日本体育施設協会：スポーツ照明の設計マニュアル（2016）

第**10**章

照明制御

　照明は単に空間を一様に明るく照らすだけでなく，省エネルギーへの配慮や空間の用途に応じて照明の明るさや光色などを適切に変化させる照明制御が必要不可欠になっている．本章では，照明制御の種類と照明制御システムを実現する関連技術について記す．

第 10 章　照明制御

10.1　照明制御の目的

　建築物の照明設備は単に明るさを確保するだけではなく，地球環境保護の観点から見た省エネルギーへの配慮や，空間の快適性，演出性が求められる．このような目的をより効果的に達成するためには，照明の明るさや光色などを適切に変化させることが有効である．

　省エネルギーやランニングコスト縮減を目的とした照明制御は，自然光の有無や，明るさの変化，明るさを必要とする範囲の変化など，照明設備に要求される光量の変化に応じて照明の明るさを制御することで達成される．

　快適性を目的とした照明制御では，時間帯によって照明の明るさや色温度を変化させて，その空間で過ごす人の快適性を高めることができる．例えば，午前中は高照度・高色温度に設定し，午後は日の入りにかけて低照度・低色温度に徐々に変化するように制御する．

　演出性を目的とした照明制御は，演劇のような舞台芸術の筋書きや，空間の用途，時間帯などに合わせて光量・光色・照射範囲を変化させることで達成される．

　このように，有効な照明制御は一様ではないため，適切な照明制御の運用には導入の意図や空間の目的を十分に考慮する必要がある．

10.2　照明制御の種類

10.2.1　調光制御

　調光制御は，空間の使用状況・利用目的によって必要な明るさが変化する場合，昼光を利用した省エネルギーを行う場合，演出の際に注目箇所を強調する場合などさまざまな用途に使用される．

202

オフィスの会議室において活発な議論を行いたい場合は相手の表情がはっきり視認できるように発言者の顔を明るくする必要があるが，プロジェクタを使用する場合はプロジェクタの投影面周辺の明るさを下げ，投影面を視認しやすいよう明るさを調整する必要がある．昼光を利用した省エネルギーを行いたい場合は窓側に明るさセンサを設置してそのセンサの値に応じて照明器具の出力を変化させる．

10.2.2 調色制御

調色制御は主に照明の色温度を変化させることであり，主に店舗やオフィスなどで空間の目的に適した雰囲気を形成するために実施される．高色温度の照明では「爽やかさ」や「活発さ」のある雰囲気を，低色温度の照明では「ゆったり感」や「くつろぎ感」のある雰囲気を形成しやすい．「サーカディアンリズム」と呼ばれる約24時間周期の生体リズムと光の関係を考慮し，適切なタイミングで照度や相関色温度を調整することで快適性と知的生産性の両立を実現できる[1]．

店舗などでは，イベントや季節に合わせて照明の相関色温度を変化させることで顧客に特別感を提供し，購買意欲の向上が期待できる．

10.2.3 フルカラー制御

フルカラー制御は主に演出用途で使用され，さまざまなイベントなどのコンセプトに応じた空間演出を可能にし，照明によって照らされた空間や建築物などの印象を大きく変化させることができる．また，フルカラー制御を用いた演出では照らされた対象物の誘目性（目立ちやすさ）を高めやすく，対象物の宣伝効果の向上が期待できる．

10.2.4 配光制御

1つの照明器具内に異なる方向を照らす複数の光源を有している場合は，それらを独立に制御することで，空間の雰囲気を変化させることができる．具体的には，図10・1に示すように上下方向それぞれを照らす照明器具の場合，上方向のみを点灯させて間接照明にすることで，やわらかい雰囲気を演出するとともに空間の明るさの印象を変化させたり，下方向のみを点灯させた直接照明（5.2.2項〔1〕参照）にすることで作業に集中しやすい雰囲気を作り出すことができる．

第 10 章　照明制御

図 10・1　配光制御器具の点灯状態の違い
（提供：パナソニック株式会社）

10.3　照明制御システムと関連技術

　照明設備は，目的を持って導入されるが，個々の照明器具の与えられた使命は一様ではない．個々の照明器具は，必要なときに，必要な光量，必要な光色を提供することが期待される．この期待に応える照明設備が照明制御システムである．

　例えば，執務空間の照明制御手法として，**図 10・2** に示すようなオフィスを考える．8～12 時と 13～19 時の就業時間内は明るさセンサにより外光の明るさ

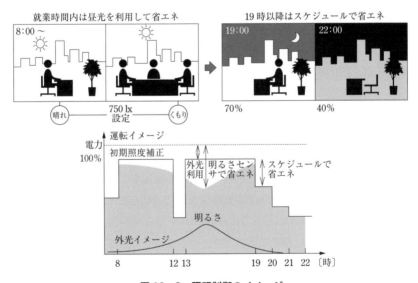

図 10・2　照明制御のイメージ

を検知して照度を一定に保つように照明設備を制御する．19時以降は執務者の不在を検知して照明設備の無駄な光量を削減する．また12～13時の休憩時間は安全面で必要な最低限の明るさに制御する．これにより，終日一定の光量で照らしている照明設備に比べて省エネルギーを実現する．

このような照明制御システムを実現するための関連技術として，主に以下のようなものがある．

10.3.1 センサ技術

照明制御に際しては，目的の確認，制御方法の決定，そして所要の情報を収集する必要がある．その情報は多くの場合，人の存在と明るさであり，これらを検出するのがセンサの役割である．

〔1〕 人感センサ

人感センサは人の存在を検知するもので，人体から放射される赤外線を検知する「熱線センサ」，ドップラーモジュールによる動体検知を行う「電波センサ」，カメラで撮影した画像を処理し人などの対象物の存在や移動を検知する「画像センサ」などがある．「熱線センサ」はほかのセンサに比べて安価であるが，人体と周囲との温度差が小さい場合や人が停止している場合に検知できないことがある．「電波センサ」は移動物体すべてを検知してしまうため，人を特定するための信号処理方法次第で精度が大きく変化する．「画像センサ」は高精度，かつ複数の人を検知できるが，ほかのセンサに比べて高価になりがちである．

〔2〕 明るさセンサ

明るさセンサはある一定領域の明るさを計測するもので，光フォトセンサで光を検出して空間の明るさを測定する「光センサ」，カメラで撮影した画像を信号処理して空間の明るさを測定する「画像センサ」などがある．どちらも事前に目標値として指定された光量と測定された光量の比較を行い，事前に指定された光量になるように調光制御することで，明るさを一定に保つのが一般的な用途である．「光センサ」は「画像センサ」に比べて安価であり，明るさセンサとして主流であるが，検知する範囲や方向の調整が必要である．さらに，人が実際に感じる空間の明るさをセンサの値から導出する場合など高度な明るさ制御が求められる場合は「画像センサ」が用いられる．

10.3.2 調光制御技術

センサの値やスケジュール情報などに合わせて，照明器具の光量を制御する必要がある．ここでは代表的な調光制御技術を記す．

〔1〕 位相制御

位相制御は，**図 10・3** に示すように電源から取り出した交流の周期的な波形（位相）の一部を切断することで明るさを調整する手法である．白熱電球の調光制御で広く使用され，LED 照明でもよく使用されている．信号線の配線が不要で電源線のみで制御が可能である長所があるが，立ち上がり時の波形の一部を切断するため，急激な立ち上がりとなりノイズが発生しやすい短所を有している．この欠点を解消する方式として逆位相制御という方式も開発されている．

〔2〕 PWM 制御

PWM（Pulse Width Modulation）制御は，コントローラから調光信号（PWM

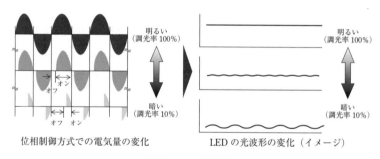

図 10・3　位相制御

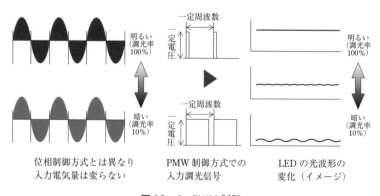

図 10・4　PWM 制御

信号）を送り，明るさを制御する方式で，**図 10・4** に示すように弱電パルス信号のオンとオフの幅の比（デューティ比）によって，照明器具の調光率を制御する．電源線のほかに信号線の配線が必要になるが，電源容量に制限されずに通信できるため，非常に多くの台数を一括で制御できる長所がある．一方で，低出力（オフの比率が多い）の場合，電子回路の設計によってはちらつきが発生しやすい短所がある．

〔3〕 デジタル制御

デジタル制御はコントローラからデジタル信号を送る制御方式である．個別にアドレスを有した照明器具に，より多くの情報を通信することができる．代表的なものに DMX（DMX 512-A），DALI（Digital Addressable Lighting Interface）などがあげられる．フルカラーの照明制御や調色制御などさまざまな用途で使用される．

10.3.3 調色・フルカラー制御技術

〔1〕 調色制御技術

調色制御は，1つの照明器具の中に相関色温度の異なる2種類以上の光源を搭載し，その種類ごとに調光することで混色された光色の相関色温度を制御する技術である．調色制御により，用途，時間帯，季節などに応じて空間の雰囲気を大きく変えることができる．用いる光源や制御の状態によって，混色時に演色性や色偏差（duv．黒体放射軌跡からのずれ）が変化することがある．

〔2〕 フルカラー制御技術

フルカラー制御は，1つの照明器具の中に RGB（赤・緑・青）など各色の光源を搭載し，その色ごとに調光することでさまざまな光色に制御する技術である．フルカラー制御は空間の印象を大きく変化させることができるため，舞台演出や景観演出でよく用いられる．フルカラー制御の場合は，その光色の違いが目立ちやすいため，照明器具が隣接して設置されている場合は注意が必要である．

10.3.4 通信技術

〔1〕 有線通信

有線通信は信号線を用いてコントローラと照明器具の間で制御情報となる信号を通信する方法である．信号容量には制限があるため通信できる照明器具の台数

や通信距離には上限があるが，障害物に関係なく安定して制御することができる．また，複数の照明器具を同時に制御する際に制御のタイミングにばらつきが少ないことから，イベントなどで同時に確実な制御が求められる空間や，舞台演出など早い制御が必要な場合に適している．一方で，電源線のほかに信号線が必須であるため，信号線やその配線工事のコストがかかってしまう短所がある．

〔2〕 無線通信

無線通信は無線でコントローラと照明器具の間で制御信号を通信する方法である．通信線が不要のため，省施工であり手軽に照明制御が実現できる．また，通信線の配線の影響がないため，制御対象となる範囲を容易に変更することができる．一方で，無線通信は通信距離や障害物による減衰・遮断による不通，無線通信機器間での混信や干渉による不通・遅延などが発生する可能性があるため，通信の高い安定性や同時に確実な制御が求められる空間にはあまり適していない．コントローラと照明器具の配置設計や使用する周波数帯などに十分配慮して使用する必要がある（図 10・5）．

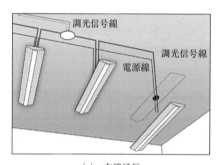 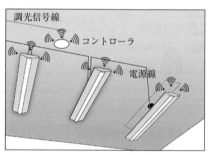

(a) 有線通信　　　　　　　　　(b) 無線通信

図 10・5　有線通信と無線通信の違い

10.3.5　その他

決められた時間帯ごとに照明制御を行う場合，照明制御システム内にスケジュールを管理する機能を有した機器が必要となる．また，照明以外の機器を管理・制御するシステムと連動して制御する場合は，それらを一元管理する上位システム，および上位システムと連携できる機能を有した機器が必要である．これらの機器は，コントローラ，親機，スケジューラ，インタフェース，専用ゲートウェ

イなどさまざまな名称で呼ばれる．また，これらの機器に制御プログラムや運用情報を入出力するため，パソコンやタブレット，スマートフォンなどを使用する場合がある．

以上のように，照明制御システムは，その用途に応じて構成が大きく異なるため，用途に合わせて適切に機器を選択・組み合わせることが重要である．

10.4 照明制御導入の効果

以上のように照明制御システムを導入した施設には，以下のメリットがあげられる．

- 大幅な省エネルギー効果が期待できる
- 用途に応じて照明の状態を容易に変更することができ，利用者の快適性の向上や細やかな演出が行える
- 照明施設を管理する際の省力化が図れる．照明の運用情報の設定・変更や機器の稼働時間把握によるメンテナンス，リニューアルを理想的なタイミングで実施できる

特に省エネルギー効果については，センサやスケジュール制御の効果を組み合わせると，従来と比較して高い省エネルギー効果が得られる．

また，照明器具以外の機器（例えば，空調設備）との連動制御により，利用者の快適性を損なわずにさらなる省エネルギー効果が期待できる．

演習問題

[1] 照明制御システムを構成する技術の一つにセンサ技術があげられるが，代表的な2種類のセンサについて述べよ．

[2] 有線通信と比較した無線通信の長所と短所を述べよ．

第 10 章　照明制御

参考文献

1) 安河内ら：日中の照度色温度可変照明制御がパフォーマンスおよびサーカディアンリズムに及ぼす影響，平成 24 年照明学会全国大会予稿集（2012）
2) 照明学会（編）：照明ハンドブック（第 3 版），pp. 450-453，pp. 459-462，オーム社（2020）

第**11**章

照明経済と保守管理

　照明計画は，良好な視環境を確保するだけでなく，環境への配慮や経済性を考えて計画する必要がある．照明器具は，建築設備の中では建築資材に比べ耐用年数が短く定期的な照明器具の交換が発生し，電力を使わなければ機能を発揮することができない．本章では，環境配慮の背景となる省エネルギーに関する法律や計画の際に配慮すべき照明経済と保守管理の考え方，効率的なエネルギー運用方法について述べる．

第 11 章　照明経済と保守管理

11.1 省エネに関する法律や認証制度

11.1.1 建築物省エネ法

　建築物のエネルギー消費性能の向上に関する法律（**建築物省エネ法**）は，2015年7月に制定された，省エネ性能向上に資する建築物を促進するための法律である．省エネ性能の対象は屋根や窓，壁，床など外気と内側を隔てる外皮と建築設備であり，建築設備では，空調，換気，照明，給湯，昇降機，その他（コンセント電力など），創エネ，コージェネレーションシステムが算定の対象となっている．建築物省エネ法は，2022年6月の改正により，住宅・非住宅の建設用途や，建設面積問わず適用義務化となり，国が定めた省エネ基準を満たさない場合は，建設することができない（**図 11・1**）．

建築規模	改正前		改正後	
	非住宅	住宅	非住宅	住宅
大規模 2 000 m² 以上	適合義務	届出義務	適合義務	
中規模 300 m² 以上		届出義務		
小規模	適合努力義務	適合努力義務		

図 11・1　建築物省エネ法の適応範囲

　省エネ性能の程度を示す指標として，**Building Energy-efficiency Index**（**BEI**）がある[1]．BEI は，建築物および室用途ごと設備ごとに国が定めたエネルギー消費量に対する設計によって消費されるエネルギー消費量の比を示したものである．

$$BEI/L = \frac{E_L}{E_{SL}} \tag{11・1}$$

　ただし，BEI/L は照明（Lighting）の BEI を表す．

212

E_L　：照明設備の設計一次エネルギー消費量〔MJ/年〕

E_{SL}：照明設備の基準一次エネルギー消費量〔MJ/年〕

この値が1より小さければ小さいほど省エネ性能が高いことを示しており，照明設備においては，設計一次消費エネルギーを小さくするだけでなく，制御を使うことで省エネ効果が認められ，BEIの値を補正することが可能となっている．照明設備のBEI計算における照明制御の関係を式（11・2），式（11・3），式（11・4）に示す．

$$E_L = \sum_{r=1} E_{L,r} \times f_{prim,e} \times 10^{-6} \tag{11・2}$$

E_L　　：照明設備の設計一次エネルギー消費量〔MJ/年〕

$E_{L,r}$　：各室の照明設備の電力消費量〔Wh/年〕

$f_{prim,e}$：電気の量1キロワット時を熱量に換算する係数〔kJ/kWh〕

$$E_{L,r} = \sum_{i=1} (E_{L,r,i} \times n_{L,r,i} \times F_{L,r,i}) \times C_{L,r} \times T_{L,r} \tag{11・3}$$

$E_{L,r}$　：各室の電力消費量〔Wh/年〕

$E_{L,r,i}$：室rの照明器具iの1台当たりの消費電力〔W/台〕

$n_{L,r,i}$：室rの照明器具iの台数〔台〕

$F_{L,r,i}$：室rの照明器具iの制御等の方法に応じて定められた係数

$C_{L,r}$　：室rの形状によって定められる係数

$T_{L,r}$　：室rの年間点灯時間〔時間〕

$$F_{L,r,i} = F_{LC1,r,i} \times F_{LC2,r,i} \times F_{LC3,r,i} \times F_{LC4,r,i} \tag{11・4}$$

$F_{L,r,i}$　：室rの照明器具iの制御等の方法に応じて定められた係数

$F_{LC1,r,i}$：室rの照明器具iの在室検知制御の方式に応じて定まる係数

$F_{LC2,r,i}$：室rの照明器具iの明るさ検知制御の方式に応じて定まる係数

$F_{LC3,r,i}$：室rの照明器具iのタイムスケジュール制御の方式に応じて定まる係数

$F_{LC4,r,i}$：室rの照明器具iの初期照度補正機能の有無によって定まる係数

第 11 章　照明経済と保守管理

11.1.2　省エネルギーに関連する認証制度

　わが国では建築物省エネ法の省エネ性能を示す手段として BELS（Building-Housing Energy-efficiency Labeling System：建築物省エネルギー性能表示制度）がある．BELS は，法に基づき認定された民間の認証機関によって審査されることで認証を受けることができる制度である．自治体や事業者が対外的に省エネ性能を公開することで不動産価値の上昇やイメージ向上につながるメリットがある．BELS 認証は再エネ設備の有無と BEI の程度によって星の数で表された省エネ性能ランクが定められている（**表 11・1**）．

表 11・1　建築用途ごとの BEI とランク（2024 年 4 月改正）

星	再エネ設備無	再エネ設備有
6	—	BEI ≦ 0.5
5	—	0.5 < BEI ≦ 0.6
4	BEI ≦ 0.7	0.6 < BEI ≦ 0.7
3	0.7 < BEI ≦ 0.8	0.7 < BEI ≦ 0.8
2	0.8 < BEI ≦ 0.9	0.8 < BEI ≦ 0.9
1	0.9 < BEI ≦ 1.0	0.9 < BEI ≦ 1.0
0	1.0 < BEI	1.0 < BEI

11.2　照明経済と保守管理

11.2.1　イニシャルコストとランニングコスト

　照明経済は**初期費用**と**保守費用**の 2 つの費用によって構成される．初期費用は新築および改修時に新設する照明器具の取付けや配線・制御機器の導入費用である．保守費用は，対象施設や空間に設置された照明器具の電力消費量による電気代と照明器具やランプの交換にかかる費用である．保守費用は，初期の照明計画によって月々の電気代が決まるため，使用する照明器具選定においては，照明器具の効率（**固有エネルギー消費効率**）や定格寿命，価格に細心の配慮が必要となる（**図 11・2**）[1]．

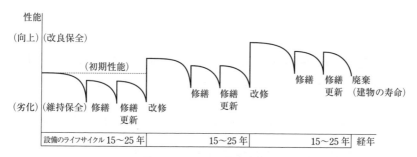

図 11・2　保守と性能の関係

11.2.2　保守率

　照明計画を行う際，設計照度を維持するための安全率を**保守率**という．保守率は，照明学会技術指針「照明設計の保守率と保守計画　第3版—LED対応増補版—」JIEG-001（2013）に定められた方式によって決められており，大きな構成として，照明器具の**光束維持率**と照明器具の形状に伴う汚れの影響による反射効率の減衰によって式11・5で求められる．

$$M = M_l \times M_d \tag{11・5}$$

M_l：光束維持率，M_d：照明器具の汚れ係数

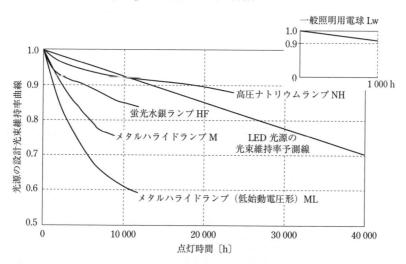

図 11・3　光源ごとの光束維持率

光束維持率は，初期の点灯状態の光束の値を 1 とした場合の定格寿命までに減衰する光束の割合をいう（**図 11・3**）．定格寿命は，JIS C 8105-3（照明器具第 3 部：性能要求事項通則　付属書 A[2]）で定義されており，光束が初期全光束から 70% に達した時間もしくは，LED モジュールが点灯しなくなるまでの時間のどちらか短いほうとしている．

光束維持率は光源ごとに異なるが，2023 年現在では，ほとんどが LED を光源

表 11・2　照明器具の種類と周辺環境を組み合わせた汚れ係数（上段 LED，下段 LED 以外）

(a) 分離形 LED 照明器具の種類と周囲環境との組合せ（清掃回数：年 1 回）

周囲環境	露出形 屋内（電球形LEDランプ）	露出形 屋内（直管形LEDランプ）	露出形 屋外	下面開放形 屋内	下面開放形 屋外	簡易密閉形（下面カバー付）屋内	簡易密閉形 屋外（電球形LEDランプ）	簡易密閉形 屋外（直管形LEDランプ）	完全密閉形 屋内	完全密閉形 屋外
よい	A 0.98			B 0.95		C 0.90			A 0.98	
普通	B 0.95			C 0.90		D 0.85			B 0.95	
悪い	C 0.90			E 0.80		E 0.80			C 0.90	

(b) LED 光源以外の照明器具の種類と周囲環境との組合せ（清掃回数：年 1 回）

周囲環境	露出形 屋内（電球形蛍光ランプ,HID,白熱電球）	露出形 屋内（蛍光ランプ）	露出形 屋外	下面開放形 屋内	下面開放形 屋外	簡易密閉形（下面カバー付）屋内	簡易密閉形 屋外（電球形蛍光ランプ,白熱電球,蛍光ランプ）	簡易密閉形 屋外	完全密閉形 屋内	完全密閉形 屋外
よい	A 0.98	C 0.90	A 0.98	C 0.90	C 0.90	D 0.85	D 0.85	C 0.90	B 0.95	B 0.95
普通	B 0.95	D 0.85	B 0.95	D 0.85	D 0.85	E 0.80	E 0.80	D 0.85	C 0.90	C 0.90
悪い	C 0.90	F 0.75	C 0.90	F 0.75	F 0.75	F 0.75	F 0.75	E 0.80	D 0.85	D 0.85

とした照明器具が使われており，特徴としてほかの光源に比べ，寿命が長いだけでなく，光束維持率が高いことがわかる．照明器具形状による汚れによる反射の減衰は，経年使用に伴う環境要因（埃や粉じん，場合によっては喫煙による煙）などによって引き起こされる．照明器具形状による減衰の違いは，照明器具の形状と設置環境によって決まる（**表 11・2**）．LED を光源とした照明器具は，LED モジュールそのものに配光を持つ場合が多く，照明器具の形状による汚れの影響を受けにくい．

11.2.3 電力料金単価と点灯時間

保守費用の内，電力消費量を推定する際，大きな影響を受けるのが**電力料金単価〔円/kWh〕**と**点灯時間〔h〕**である．実際は，事業主の契約内容によって電力単価が変わってくるが，一般的な試算として利用できるのが，日本照明工業会が出している電力料金および年間点灯時間の表示に関するガイドライン（ガイド A139）である．電力料金単価は世情に応じて見直されるが，概算を把握する上では大変有用な指標となっている．点灯時間は年間点灯時間で算出し，建築用途ごとにおいて点灯時間が決まっている．

11.2.4 交換方式

保守の際，定格寿命や不良に伴う照明器具やランプの交換が発生する．交換方法は，個別交換方式と一斉集団交換方式の 2 つがある．個別交換方式は，文字通り照明器具や光源が不良などに伴う不点灯の状態になったものを都度交換する方法である．小規模向けの施設で交換が容易な施設に適している．都度交換するため，常時交換用の照明器具をストックしておく必要がある．他の 1 つは一斉交換であり，定格寿命をもとに交換期間をあらかじめ定め計画的交換を行う方式である．これにより，多少不点灯があったとしても，交換時期までそのままにしておき，一斉に全数を交換することで効率的に保守を行える．多くの照明器具が設置された大型施設に適しており，計画的に行うために予算化しやすいというメリットもある．空間の特性や視環境の性能の維持のために個別交換と一斉集団交換を両方行う場合もある．

照明器具の更新は，視環境の機能の維持並びに，照明器具性能の向上に伴う省エネルギーを図るために必要である．基本的には修繕を行わず，新品と交換する

第 11 章　照明経済と保守管理

ことが望ましい．照明器具の耐用年数は，原価償却資産となる建築付帯設備のうち照明器具を含む電気設備の法定耐用年数は 15 年（国税庁）とされているが，電気用品安全法では，照明器具等の絶縁物の寿命は 40 000 h とされている．日本照明工業会ガイド A111 では，適正交換時期を 8～10 年としている．

11.3　省エネルギー照明への配慮

　照明経済を考える際，電力消費量を抑えることは非常に重要である．本節では，照明計画において，必要な照度を確保しながら電力消費量を抑える方法を紹介する．

11.3.1　高効率な照明器具を選ぶ

　照明器具の単体での省エネ性能を示す指標として，**固有エネルギー消費効率**がある．これは，照明器具から放射される光束を消費電力で除したもので示される．照明器具から放射される 1 W 当たりの光束の多いほうが少ないエネルギーで照度を確保できるようになる．

11.3.2　昼光を利用する

　建築物には，ほとんどの場合，窓があり外部から昼光が室内に入ってくる．そこで，**図 11・4** に示すように，昼光によって得られる室内の照度を利用することで，人工照明（人工光）の出力を下げ，過剰な照度にしないようにすることで電力を抑えることができる．**明るさ検知センサ**を利用することで任意の範囲の照明器具の調光率を昼光の状況に合わせてコントロールできるようになる．

11.3.3　照明制御を利用する

　11.1.1 項の建築物省エネ法の解説において制御が有用であることを述べたが，ここでは，建築物省エネ法において式（11・3）で示した係数 $F_{L,r,i}$ として補正が認められている制御方法について紹介する．

218

11.3 省エネルギー照明への配慮

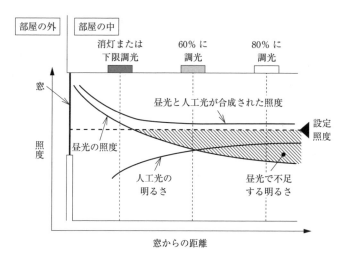

図 11・4　明るさ検知センサによる照明制御

〔1〕 在室検知制御

式（11・4）で示された係数 $F_{LC1,r,i}$ が該当する．図 11・5 に示すように，人感センサによって，人の在不在を検知し，人を検知した場合は必要な照度を確保し，不在の場合は消灯もしくは減光することでエネルギーを有効活用するものである．

図 11・5　在室検知制御

〔2〕 明るさ検知制御

昼光による室内照度確保を活用した照明制御手法である．式（11・4）に示す $F_{LC2,r,i}$ が該当する．開口率（床面積に対する窓面積）が大きいほど，昼光による室内照度が確保しやすくなり，その分，人工照明の調光率を下げることができ

219

表11・3　各調光方式の係数

選択肢	適　用	係数
調光方式	連続調光タイプの明るさセンサの制御信号に基づき自動で調光する方式	0.90
調光方式 BL	連続調光タイプの明るさセンサの制御信号に基づき自動で調光し，自動制御ブラインドを併用する方式	0.85
調光方式 W15	連続調光タイプの明るさセンサの制御信号に基づき自動で調光する方式 ・開口率が 15% 以上であること	0.85
調光方式 W15BL	連続調光タイプの明るさセンサの制御信号に基づき自動で調光し，自動制御ブラインドを併用する方式 ・開口率が 15% 以上であること ・自動制御ブラインドの敷設率が 50% 以上であること	0.78
調光方式 W20	連続調光タイプの明るさセンサの制御信号に基づき自動で調光する方式 ・開口率が 20% 以上であること	0.80
調光方式 W20BL	連続調光タイプの明るさセンサの制御信号に基づき自動で調光し，自動制御ブラインドを併用する方式 ・開口率が 20% 以上であること ・自動制御ブラインドの敷設率が 50% 以上であること	0.70
調光方式 W25	連続調光タイプの明るさセンサの制御信号に基づき自動で調光する方式 ・開口率が 25% 以上であること	0.75
調光方式 W25BL	連続調光タイプの明るさセンサの制御信号に基づき自動で調光し，自動制御ブラインドを併用する方式 ・開口率が 25% 以上であること ・自動制御ブラインドの敷設率が 50% 以上であること	0.63
点滅方式	以下のいずれかに該当する方式 ・連続調光タイプの明るさセンサの制御信号に基づき自動で点滅する方式 ・自動点滅器の明るさ検知によって回路電流を通電/遮断することにより自動で点滅する方法 ・熱線式自動スイッチ（明るさセンサ付）の明るさ検知によって回路電流を通電/遮断することにより自動で点滅する方法	0.80
なし	上記以外	1.00

るため，省エネを図ることができる[3]．**表11.3** は各調光方式の係数である．

〔3〕　**タイムスケジュール制御**

　式（11・4）に示す $F_{LC3,r,i}$ が該当する．**図11・6** に示すように，オフィスなどにおいて業務前後や昼休みなど，主に視作業を伴わない時間帯の調光率を下げることで，エネルギーの有効活用を促すものである．

〔4〕**初期照度補正機能**

　式（11・4）に示す $F_{LC4,r,i}$ が該当する．保守で説明したように，照明器具は，調光しない状態では，最初が一番照度が高く，経年点灯によって光束が減衰して

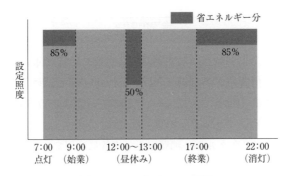

図 11・6　スケジュール制御

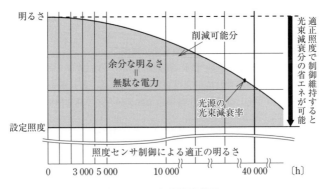

図 11・7　初期照度補正

くる．**図 11・7** に示すように初期照度補正は，保守を考慮した設計照度に対して，高すぎる初期照度を設計照度まで調光することによってエネルギーを有効活用する方法である．

これらの制御を使用することで，建築物省エネ法の BEI 計算において**表 11・4**のような補正を考慮できるようになる．

表 11・4　照明制御の種類と補正の最大値と最小値

照明制御方式	在室検知制御 F_{LC1}	明るさ検知制御 F_{LC2}	タイムスケジュール制御 F_{LC3}	初期照度補正機能 F_{LC4}
補正の最大値	0.7	0.63	0.9	0.85
補正の最小値	0.9	0.90	0.95	0.95

演習問題

1. あるオフィスにおいて，照明器具の1台当たりの光束が6 900 lmで固有エネルギー消費効率が150 lm/Wのものを1 000台設置した場合の1年間の電力消費量〔kWh〕を求めよ．年間点灯時間は3 000時間とする．

2. 照明器具によるエネルギー消費量を効率的に利用する手段を4つあげよ．

参考文献

1) 照明学会（編）：照明ハンドブック（第3版），pp. 454-462, pp. 470-472, オーム社（2020）
2) JIS C 8105-3　照明器具第3部：性能要求事項通則
3) 国土交通省国土技術政策総合研究所，建築研究所：平成28年　省エネルギー基準関係技術資料「エネルギー消費性能計算プログラム（非住宅版）解説 Ver. 3.1.2（2022年4月）」，pp. 101-110, 国土交通省国土技術政策総合研究所，建築研究所

付　録

　　ここでは現時点での各種光源の主な特性および法規・規格を紹介
し，さらに照明に関する主な基準を掲載した．照明に関する基本的
な特性は，日進月歩に進化しており，それに応じて基準も更新され
ているので，必要に応じて最新情報は各自で入手されたい．

付　録

付・1　光源の性能

表付・1　主な光源の特性

光源の種類		定格電力 [W]	全光束 [lm]	ランプ効率 [lm/W]	総合効率 [lm/W]	色温度 [K]	平均演色評価数 R_a	定格寿命 [h]	大きさの範囲 [W]
白熱電球	白熱電球								
	一般照明用（白色塗装）	60	810	13.5	13.5	2 850	100	1 000	10-100
	一般照明用（薄膜白色塗装）	54	810	15.0	15.0	2 850	100	1 000	18-90
	ボール電球（白色塗装）	57	705	12.4	12.4	2 850	100	2 000	25-100
	ミニクリプトン電球	60	820	13.7	13.7	2 850	100	2 000	25-100
	ハロゲン電球								
	片口金形	100	1 600	16.0	16.0	2 900	100	1 500	60-500
	片口金形（赤外反射膜付）	85	1 680	19.8	19.8	2 900	100	2 000	65-425
	小形（低電圧形）	50	1 000	20.0	20.0	3 000	100	2 000	20-100
	両口金形	500	10 500	21.0	21.0	3 000	100	2 000	150-1 500
蛍光ランプ	電球形蛍光ランプ（電子点灯）								
	球形・円筒形（電球色）	15	810	54	54	2 800	84	6 000	8-25
	球形・円筒形（昼白色）	15	780	52	52	5 000	88	6 000	10-25
	4 本管形（電子点灯）	15	900	60	60	5 000	84	8 000	10-27
	直管形蛍光ランプ								
	スタータ形（白色）	37	3 100	84	66	4 200	61	12 000	4-40
	3 波長形（昼白色）	37	3 560	96	75	5 000	88	12 000	10-40
	ラピッドスタート形（白色）	36	3 000	83	75	4 200	61	12 000	20-110
	3 波長形（昼白色）	36	3 450	96	87	5 000	88	12 000	36-110
	高周波点灯専用形(Hf)(昼白色)	32(45)	3 200(4 500)	100(100)	91(92)	5 000	84	12 000	16-86
	色評価用蛍光ランプ（昼白色）	40	2 250	56	46	5 000	99	5 000	20-40
	環形蛍光ランプ(3 波長・昼白色)	28	2 100	75	58	5 000	88	6 000	15-40
	コンパクト形								
	2 本管形（昼白色）	36	2 900	81	63	5 000	84	7 500	4-96
	4 本管形（昼白色）	27	1 550	57	45	5 000	84	6 000	9-27
	4 本平行管形（昼白色）	27	1 600	59	47	5 000	84	6 000	9-96
HIDランプ	水銀ランプ								
	水銀ランプ（透明形）	400	20 500	51	48	5 800	14	12 000	40-2 000
	蛍光水銀ランプ	400	22 000	55	52	3 900	40	12 000	40-2 000
	安定器内蔵形水銀ランプ	500	14 000	28	28	3 900	58	9 000	100-750
	メタルハライドランプ								
	低電圧始動形(Sc-Na 系)(拡散形)	400	42 000	105	100	3 800	70	12 000	100-1 000
	低電圧始動形(Na-Tl-In 系)(拡散形)	400	32 000	80	76	4 300	70	9 000	100-1 000
	高演色形（Sn 系）	400	19 000	48	41	4 600	90	6 000	125-400
	高演色形(両口金形)(Dy-Tl 系)(白色)	250	20 000	80	76	4 300	85	6 000	70-1 000
	高圧ナトリウムランプ								
	始動器内蔵形（拡散形）	360	47 500	132	123	2 050	25	24 000	75-940
	演色改善形（拡散形）	360	36 000	100	92	2 150	60	12 000	180-600
	高演色形（拡散形）	400	23 000	58	54	2 500	85	9 000	50-400
	低圧ナトリウムランプ	180	31 500	175	140	1 700	−	9 000	35-180
	無電極放電ランプ（白色）	260	21 500	82.7	82.7	4 200	73	60 000	55-260
LED	電球形 LED（電球色）	12.5	1 520	121.6	121.6	2 700	84	40 000	4.9-12.9
	電球形 LED（昼白色）	12.9	1 520	117.8	117.8	5 000	84	40 000	4.4-12.5

224

付　録

表付・2　LED 照明に関する法規・規格

法規
電気用品安全法施行令の一部を改正する政令 　（2011 年 7 月 6 日公布，2012 年 7 月 1 日施行）

JIS 規格
JIS C 7550　ランプ及びランプシステムの光生物学的安全性 　JIS C 7801　一般照明用光源の測光方法 　JIS C 8105-1　照明器具-第 1 部：安全性要求事項通則 　JIS C 8105-2-1〜24　定着灯器具に関する安全性要求事項　等 　JIS C 8105-3　照明器具-第 3 部：性能要求事項通則 　JIS C 8105-5　配光測定方法 　JIS C 8147-2-13　ランプ制御装置-第 2-13 部：LED モジュール制御装置（安全）の個別要求事項 　JIS C 8152-1〜3　照明用白色発光ダイオード（LED）の測光方法-第一部：LED パッケージ　等 　JIS C 8153　LED モジュール用制御装置-性能要求事項 　JIS C 8154　一般照明用 LED モジュール-安全仕様 　JIS C 8155　一般照明用 LED モジュール-性能要求事項 　JIS Z 9112　蛍光ランプ・LED の光源色及び演色性による区分 　JIS C 61000-3-2　電磁両立性-第 3-2 部：限度値-高調波電流発生限度値 　　　　　　　　　　（1 相当たりの入力電流が 20 A 以下の機器）

付　録

付・2　照明基準

表付・3　屋外照明基準（JIS Z 9126:2021 からの抜粋）
作業中の作業者の安全に関する照明要件

作業中の作業者の危険レベル	$\bar{E}_m$ [lx]	U_0	GR_L	R_a	注記
非常に低い危険度，例えば 　構内で車両交通が時折ある保管区域	5	0.25	55	20	
低い危険度，例えば 　港湾の全般照明	10	0.4	50	20	港湾では，U_0 は 0.25 程度
中程度の危険度，例えば 　発電所の石油貯蔵施設	20	0.4	50	20	造船所，ドックでは U_0 は 0.25 程度
高い危険度，例えば 　建設用地の型枠，材木，鋼材の保管場所	50	0.4	45	20	建設用地，製材所では GR_L は 50 程度

領域，作業又は活動の種類	$\bar{E}_m$ [lx]	U_0	GR_L	R_a	注記
屋外作業場の一般通行領域 　歩行者専用道路 　低速交通（最高 10 km/h） 　通常車両交通（最高 40 km/h） 　歩行者通路，荷さばき区域	 5 10 20 50	 0.25 0.4 0.4 0.4	 50 50 45 50	 20 20 20 20	 造船所，ドックでは GR_L は 50 程度
工事領域 　整地，掘削，土積み 　工事現場，運搬，補助作業，収納作業 　簡単な配筋，木枠形成，電気配管，通線 　部材の接合，機械及びパイプの据付け	 20 50 100 200	 0.25 0.4 0.4 0.5	 55 50 45 45	 20 20 40 40	
農場 　農場構内 　設備倉庫（野外） 　動物選別の囲い	 20 50 50	 0.1 0.2 0.2	 55 55 50	 20 20 40	
工業用地及び倉庫 　一時的な，原料の取扱い，物品の積み降ろし 　継続的な，原料の取扱い，物品の積み降ろし 　宛名の読取り，道具の使用，成形作業 　電気，機械及び配管設備の施工，点検	 20 50 100 200	 0.25 0.4 0.5 0.5	 55 50 45 45	 20 20 20 60	
上下水道 　道具の取扱い，バルブ操作，機械清掃 　薬品の取扱い，漏れ検査，計器の判読作業 　電気部品又はモータの修繕	 50 100 200	 0.4 0.4 0.5	 45 45 45	 20 40 60	

$\bar{E}_m$：対象領域の維持すべき平均照度（照度範囲は 5 章の表 5.3 を参照）
U_0：作業対象基準面の照度均斉度，平均照度に対する最小照度の比で表す
GR_L：屋外グレア制限値（不快グレア評価法に基づく制限値）
R_a：平均演色評価数

付　録

表付・4　屋内照明基準（JIS Z 9125:2023 からの抜粋）
屋内作業場の照明

領域，作業又は活動の種類	$\bar{E}_R$ [lx]	UGR_L	演色性区分	平均壁面輝度（最小値）[cd/m²]	平均天井面輝度（最小値）[cd/m²]
事務所及び一般的な建物空間					
設計室，製図室	750	16	高 C1	30	20
事務室	750	19	高 C1	30	20
役員室	750	16	高 C1	−	−
医療室	500	19	高 C2	−	−
電子計算機室	500	19	高 C1	−	−
受付	300	22	高 C2ᵃ⁾	−	−
会議室，集会室	300	19	高 C1	15	10
食堂	300	22	高 C1	−	−
休憩室	100	22	高 C1	−	−
倉庫	100ᵇ⁾	25	普	−	−
便所，洗面所	200	25	高 C1	−	−
機械室，配電盤室	200	25	普	−	−
階段，エスカレータ，動く歩道	150	25	高 C1	−	−
屋内非常階段	50	25	普	−	−
廊下	100ᶜ⁾	28	普	−	−
玄関ホール（昼間）	750ᵈ⁾	22	高 C1	−	−

注 a)　無人の受付の場合は，高 C1 としてもよい。
注 b)　常時使用する場合は，200 lx。
注 c)　出入口には移行部を設け，明るさの急激な変化を避ける。
注 d)　玄関外が昼光下でない場合は，500 lx。

227

付　録

表付・4　（つづき）

領域，作業又は活動の種類	$\bar{E}_R$ 〔lx〕	UGR_L	演色性区分
教育施設			
保育室	300	19	高 C1
教室，個別指導室	300	19	高 C1
講義室	500	19	高 C1
美術館の美術室	750	19	高 C3
製図室	750	16	高 C1
実習室・実験室・研究室	500	19	高 C1
コンピュータ実習室	500	19	高 C1
学生談話室・集会室	200	22	高 C1
教官室	300	22	高 C1
スポーツホール，体育館，スイミングプール	300	22	高 C1
講堂	200	22	高 C1
保健医療施設			
待合室	200[a)]	22	高 C1
研究室，事務室，医局，看護婦室，保健婦室，薬局	500	19	高 C1
病室			
－全般照明	100[a)]	19	高 C1
－読書用照明	300	19	高 C1
－簡単な診察	300	19	高 C1
診察室	500	19	高 C2
注 a)　床面照度			

228

付　録

表付・4　（つづき）
作業場以外の屋内空間の照明

領域，作業又は活動の種類	$\bar{E}_R$ [lx]	U_0	UGR_L	演色性区分
物品販売店				
大型店（デパート，量販店など）a)				
ショーウインドウの重要部	2 000	−	−	高 C1
一般陳列部	1 000	−	22	高 C1
店内全般	500	−	−	高 C1
文化品店（家電，楽器，書籍，CD，カメラ，パソコンショップなど）				
店頭の陳列部	2 000	−	−	高 C1
ドラマチックなねらいの陳列部	500	−	−	高 C1
テスト室	750b)	−	19	高 C1
スーパーマーケット（セルフサービス店など）				
店頭	750	−	−	高 C1
店内全般	500	−	22	高 C1

注記 1　昼間，または屋外向きのショーウインドウの重要部は，10 000 lx 以上が望ましい。
注記 2　重要陳列部に対する局部照明の照度は，全般照明の照度の 3 倍以上とすることが望ましい。
注 a)　大型店などで売場別に業態別の効果を必要とするときは，対応する項を適用する。
注 b)　調光装置で減光できるようにすることが望ましい。

美術館・博物館				
耐光性が高い展示品a)	−	−	−	高 C3
耐光性が中程度の展示品b)	−	−	−	高 C3
耐光性が低い展示品c)	−	−	−	高 C3
耐光性がない展示品d)	−	−	−	高 C3
ギャラリー全般	100	−	−	高 C1
収納庫，収蔵庫	100	−	−	普

注 a)　光に反応しない，変化しないマテリアルだけから作られているもの。
注 b)　僅かに光に反応する耐久性の高いマテリアルを含むもの。照度の上限は 200 lx とする。
注 c)　かなり光に反応する変化に弱いマテリアルを含むもの。照度の上限は 50 lx とする。
注 d)　光に強く反応するマテリアルを含むもの。照度の上限は 50 lx とする。

住宅				
居間				
手芸	1 000	0.7	−	高 C1
読書	500	0.7	−	高 C1
団らん	200	−	−	高 C2
娯楽a)	200	−	−	高 C1
全般	50	−	−	高 C1
ダイニングキッチン				
食卓	300	−	−	高 C2

229

付　録

表付・4　（つづき）
作業場以外の屋内空間の照明

領域，作業又は活動の種類	$\bar{E}_R$ [lx]	U_0	UGR_L	演色性区分
調理台	300	0.7	－	高 C1
PC 作業	200	－	－	高 C1
全般	100	－	－	高 C1
寝室				
読書	300	－	－	高 C1
化粧	300	－	－	高 C2
姿見	300	－	－	高 C2
全般	20	－	－	高 C1
深夜	2	－	－	－
浴室，脱衣室，洗面所				
ひげそり	300[b]	－	－	高 C2
化粧	300	－	－	高 C2
洗顔	300	－	－	高 C2
全般	100	－	－	高 C1
注 a)　軽い読書は娯楽とみなす。				
注 b)　主として人物に対する鉛直面照度。				

付　録

表付・5　LEDの演色性区分（JIS Z 9112:2019 からの引用）

LED の演色性の最低値

演色性の種類	演色性の記号	光源色の種類	光源色の記号	演色評価数の最低値							
				R_a	R_9	R_{10}	R_{11}	R_{12}	R_{13}	R_{14}	R_{15}
普通形 （普）	0	昼光色	D	60	−	−	−	−	−	−	−
		昼白色	N								
		白色	W								
		温白色	WW								
		電球色	L								
高演色形 クラス1 （高 C1）	1	昼光色	D	80	−	−	−	−	−	−	−
		昼白色	N								
		白色	W								
		温白色	WW								
		電球色	L								
高演色形 クラス2 （高 C2）	2	昼光色	D	90	−	−	−	−	−	−	85
		昼白色	N								
		白色	W								
		温白色	WW								
		電球色	L								
高演色形 クラス3 （高 C3）	3	昼光色	D	95	75	−	−	−	−	−	−
		昼白色	N								
		白色	W								
		温白色	WW								
		電球色	L								
高演色形 クラス4 （高 C4）	4	昼光色	D	95	85	85	85	85	85	85	85
		昼白色	N								
		白色	W								
		温白色	WW								
		電球色	L								

231

表付・6 スポーツ照明基準（JIS Z 9127:2020 からの抜粋）

照度段階 [lx]	硬式野球 内野 屋外	硬式野球 外野 屋外	サッカー・ラグビー 屋外	バスケットボール・車いすラグビー 屋内	バスケットボール・車いすラグビー 屋外	卓球 屋内	体操・リズム体操 屋内	スポーツクライミング（鉛直面） 屋内	水泳 飛込み（空間）	スキー・スノーボード場 ゲレンデ 屋外	スキー・スノーボード場 ランダウンコース 屋外
3 000											
2 000											
1 500											
1 000	I 0.7/50/60										
750	II 0.6/50/60	I 0.5/50/60		I 0.7/−/60		I 0.7/−/60	I 0.7/−/60	I 0.8/−/60			
500	III 0.5/55/−	II 0.5/50/60	I 0.7/50/60	II 0.6/−/60	I 0.7/50/60	II 0.6/−/60	II 0.6/−/60	II 0.8/−/60			
300		III 0.3/55/−		III 0.5/−/−		III 0.5/−/−					
200			II 0.5/50/50		II 0.6/50/60		III 0.5/−/−	III 0.8/−/20	I −/−/60 / II −/−/60		
150											
100			III 0.3/55/−		III 0.5/55/−						
75											
50											
30											
20										III 0.2/55/−	
15											
10											III 0.1/55/−
5											
被写体の速度	B	B	B	B	B	C	A	B	A	−	−
計算間隔	5 m×5 m	5 m×5 m	5 m×5 m	2 m×2 m	2 m×2 m	0.5 m×0.5 m	2.5 m×2.5 m	0.5 m×0.5 m	−	−	−
測定間隔	5 m×5 m	10 m×10 m	10 m×10 m	4 m×4 m	4 m×4 m	0.5 m×0.5 m	5 m×5 m	0.5 m×0.5 m	−	−	−
基準面の高さ	地表面	地表面	地表面	床面	地表面	テーブル面	床面	壁面	運動競技者	雪面	雪面

照度段階に示す数字及び数値は，その照度段階を推奨段階とする運動競技を，その区分で推奨する U_o の下限値，GR_L（GR の上限値），および R_a の下限値を示す。
"−" は指定がないことを示す。

付　録

表付・7　運動競技の区分及び適用例（JIS Z 9127:2020 からの引用）

運動競技の区分	適　用　例
Ⅰ	観客のいる国際，国内，地域全体又は特定地域における最高水準の運動競技会． 最高水準のトレーニング．
Ⅱ	観客のいる地域全体又は特定地域における一般的な運動競技会． 高水準のトレーニング．
Ⅲ	観客のいない特定地域の運動競技会，学校体育又はレクリエーション活動． 一般のトレーニング．

演習問題の略解

第1章

[1] 球の立体角 4π〔sr〕より点光源の全光束 Φ は

$$\Phi = 120 \times 4\pi \fallingdotseq 1\,508\,\text{lm}$$

[2] 円形の床の照度 E は

$$E = \frac{500}{0.7^2 \pi} \fallingdotseq 324.8\,\text{lx}$$

[3] 光源の光度 I は

$$I = 450 \times 2^2 = 1\,800\,\text{cd}$$

光源の高さを 1.6 m とした場合の，光源の直下の照度 E' は

$$E' = \frac{1\,800}{1.6^2} \fallingdotseq 703.1\,\text{lx}$$

[4] 光源の輝度 L は

$$L = \frac{500}{0.2^2 \pi \times \cos 45°} = 5\,630\,\text{cd/m}^2$$

第2章

[1] 光の波長に対する感度の違う3種類の錐体の信号を処理し，赤―緑と黄―青の反対色の信号に変換して色を知覚している．

[2] xy 色度図は色度座標 x および y で定められる図上の点が色刺激の色度を表す平面図である．しかし，xy 色度図は図中の距離が色差と一致しないため，色差を表すためには利用できない．色差を表示できるように意図したものが均等色空間であり，CIE $L^*u^*v^*$ 色空間と CIE $L^*a^*b^*$ 色空間などがある．

演習問題の略解

3 3R5/9 によって表示されている色は，色相が 3R，明度が 5，彩度が 9 である．N3 は明度 3 の無彩色を表す．

4 黄緑

5 分光測色方法は，分光分布を測定し，等色関数を用いて三刺激値を計算により求める方法であり，精度が高く高度な色の解析に適している．刺激値直読方法は，3 種類のフィルタを用いた光電色彩計により三刺激値を直接測定する方法であり，精度がやや劣るが，測定器は小型で手軽である．

第 3 章

1 熱放射は物体の温度に応じて，その内部の原子，分子，イオンなどの熱振動によって放射エネルギーが放出される現象である．一般照明用電球，ハロゲン電球，クリプトン電球などは，タングステンフィラメントの温度が 3 000 K のときの熱放射を利用している．ルミネセンスは物体（の電子）が光，放射，電子，電界などのエネルギーを吸収して，原子を構成する電子が励起状態となり，それが再び放射エネルギーとして放出される現象である．蛍光ランプは主として放電によって発する紫外放射が蛍光体を励起して光を出すフォトルミネセンスを，HID ランプ，EL，発光ダイオードなどはエレクトロルミネセンス，白色 LED ランプはエレクトロルミネセンスとフォトルミネセンスの合体である．

2 RGB LED 発光方式，近紫外 LED ＋ RGB 蛍光体方式，青色 LED ＋ 蛍光体方式の 3 種類．青色 LED ＋ 蛍光体方式が一番普及しており，その理由は構成材料が少なくコストメリットがあることと発光効率が最も高いことである．ただし緑色 LED の大幅改善によって RGB LED 発光方式の発光効率が最も高くなる可能性がある．

3 光源色の名称は，①2 800 K：電球色，②3 500 K：温白色，③4 200 K：白色，④5 000 K：昼白色，⑤6 500 K：昼光色である．

235

演習問題の略解

4 白熱電球，蛍光ランプ，HID ランプおよび白色 LED の代表的な発光効率
〔lm/W〕は高い値でそれぞれ 15，100，125，200 程度である．

5 水銀．有害物である水銀の使用は水俣条約によって規制される．蛍光ラン
プや HID ランプは発光効率が高く地球温暖化対策の省エネ光源として扱
われ，水銀使用量を減らすことで製造が認められてきた．しかし，現在で
は LED 光源よりも発光効率が低いので利用価値を失ったとみなせるため．

第4章

1
(1) ×
光環境を形成する太陽や各種の一般照明用光源からの放射には，可視放射だ
けでなく，紫外放射や赤外放射も含まれる場合が多い．人間が視作業をする
ときには，紫外放射や赤外放射の作用も受ける可能性がある．このため，こ
れらの放射に関する知識も必要である．
(2) ○
(3) ○
(4) ×
夜間，店舗の外で光っている捕虫器や殺虫器は，紫外放射を放射するブラッ
クライトが装着されている．昆虫は，この紫外放射に引き寄せられる．
(5) ×
概日リズムの調整には，朝の太陽光や高照度の光放射を浴びることが有効で
あり，特に可視放射の中の青色光の効果が高い．

2
波長 254 nm $\longrightarrow$ 1 240/254 = 4.88 eV
波長 555 nm $\longrightarrow$ 1 240/555 = 2.23 eV
波長 830 nm $\longrightarrow$ 1 240/830 = 1.49 eV
波長 1.40 μm $\longrightarrow$ 1 240/1400 = 0.886 eV
波長 3.00 μm $\longrightarrow$ 1 240/3000 = 0.413 eV
波長 1.00 mm $\longrightarrow$ 1 240/1 000 000 = 0.00124 eV

236

演習問題の略解

第5章

この器具の 1/2 光度値を求める.

光度値表から角度 0°の 2 460 cd が最大光度なので，1/2 光度値は 1 230 cd となり，1/2 光度値は，光度値表から角度 18° と角度 19° の間にあると推定される.

ここで始点 (x_1, y_1)，終点 (x_2, y_2) とするとき，任意の x に対する 2 点を結ぶ直線上の y の値は次式から推定できる.

$$y = y_1 + (x - x_1)(y_2 - y_1)/(x_2 - x_1)$$

始点 $(x_1, y_1) = (1\,350\,\mathrm{cd},\ 18°)$，終点 $(x_2, y_2) = (1\,110\,\mathrm{cd},\ 19°)$，任意 $x = 1\,230\,\mathrm{cd}$ とし，角度 y を上記式より求める.

$$y = 18 + (1\,230 - 1\,350) \times (19 - 18)/(1\,110 - 1\,350)$$
$$= 18.5$$

角度 18.5° で 1/2 光度値を取る.

求めた角度はグラフの半分に相当するため，1/2 ビーム角は 2 倍にする.

$$1/2\,ビーム角 = 18.5° \times 2 = 37°$$

よって，この器具のビーム角は 37° であり，広角タイプである.

第6章

1　輝度を L，底面半径を a とする．鉛直角 30°，60°，80°，100°，120°，150°，の各光度を式 (6・19) に代入すると

$$\Phi = \frac{4\pi}{6}\left[\frac{1}{2}\pi a^2 L(6 + \cos 30° + \cos 60° + \cos 80° + \cos 100°\right.$$

$$\left. + \cos 120° + \cos 150°)\right]$$

$$= 2\pi^2 \cdot a^2 L$$

式 (6・14) による全光束は

237

$$\Phi = 4\pi I(90) = 4\pi \cdot \frac{1}{2}\pi a^2 L = 2\pi^2 \cdot a^2 L$$

よって，この配光においては近似式を用いても誤差は生じない．

$\boxed{2}$ (1) 点光源：$E_{n(A)} = \dfrac{1}{h^2}$

円板光源：$E_{n(B)} = L\pi\sin^2\theta = \dfrac{I}{\pi r^2}\cdot\pi\sin^2\theta = \dfrac{I}{h^2 + r^2}$

(2) 点光源とみなした場合の法線照度は $E_{n(B)} = I/h^2$ であり，これが誤差 1% 以内ということから

$$\frac{\left(\dfrac{1}{h^2} - \dfrac{1}{h^2 + r^2}\right)}{\dfrac{I}{h^2 + r^2}} \leqq 0.01, \qquad \frac{d^2}{4h^2} \leqq 0.01, \qquad \therefore \quad h \geqq 5d$$

よって，1% 以内の精度で点光源とみなして計算できるのは，光源の大きさの 5 倍以上の測定距離をとればよいといえる．

$\boxed{3}$ 光源の配光は $I(\theta) = I(0)\cos\theta$ であるから，水平面照度 E_h は

$$E_h = \frac{I(0)\cos^4\theta}{h^2} = I(0)\frac{h^2}{(h^2 + d^2)^2}$$

となるので，h について微分して極大値を求めると $h = d$ となる．

$\boxed{4}$ 光源による照度 E は光度 I，距離 r，なす角 θ とすると $E = I\cos\theta/r^2$ で表される．

L_2 の直下では

L_1 による照度は $E_1 = 1\,000 \times \dfrac{\dfrac{10}{10\sqrt{2}}}{(10\sqrt{2})^2} = 3.54\,\text{lx}$

238

L_2 による照度は $E_2 = 1\,000 \times 1/10^2 = 10\,\mathrm{lx}$

よって求める照度は $E = E_1 + E_2 = 13.5\,\mathrm{lx}$

5 単位長さ（1 m）当たりの光度と照度を求める.

光度 $I = \dfrac{3\,000}{1.2 \times \pi^2} = 253.3\,\mathrm{cd}$

照度 $E = \dfrac{I}{2h}(u_0 + \sin u_0 \cos u_0) = \dfrac{253.3}{2 \times 1.2}\left(\dfrac{\pi}{4} + \sin\dfrac{\pi}{4}\cos\dfrac{\pi}{4}\right) \fallingdotseq 136\,\mathrm{lx}$

6 ドーム内の輝度 L_{in} は透過率 τ が 10% であるから

$$L_{in} = L \times \tau = \dfrac{10\,000}{\pi} \times 0.1 = \dfrac{1\,000}{\pi}\,\mathrm{cd/m^2}$$

となる.

鉛直角が 60° であることより立体角投射法による面積 S は

$$S = \pi(1^2 - \sin^2 30°) = 0.75\pi$$

よって水平面照度 E は

$$E = LS = (1\,000/\pi) \times 0.75\pi = 750\,\mathrm{lx}$$

第 7 章

1 照明環境デザインのプロセスは，通常，調査・ヒアリング，概念（コンセプト）設計，基本設計，実施設計，施工・現場管理，事後評価と進む.

2 実施設計の最終成果物としては，①照明器具配灯図，②照明器具リスト，③照明器具仕様図，④照明器具納まり図，⑤照明器具グルーピング図，⑥オペレーションダイアグラムとスケジュール，⑦照明器具負荷表やシステム系統図，⑧照度計算書などが必要となる.

演習問題の略解

3 Radiance のアルゴリズムは Backwards Raytracing である．なお，Ver. 5 からは Photon Mapping も組み込まれた．

第8章

1 $N = \dfrac{EA}{\Phi UM} = \dfrac{750 \times (19.2 \times 12.8)}{6\,680 \times 0.81 \times 0.77} = 44.2$ 台

$\Rightarrow 45$ 台

$E = \dfrac{\Phi NUM}{A} = \dfrac{6\,680 \times 45 \times 0.81 \times 0.77}{19.2 \times 12.8} = 763\,\mathrm{lx}$

2 $N = \dfrac{EA}{\Phi UM} = \dfrac{400 \times (19.2 \times 12.8)}{2\,980 \times 0.78 \times 0.81} = 52.2$ 台

$\Rightarrow 54$ 台

$E = \dfrac{\Phi NUM}{A} = \dfrac{2\,980 \times 54 \times 0.78 \times 0.81}{19.2 \times 12.8} = 414\,\mathrm{lx}$

3 （1）全般照明方式

年間電力量〔kWh〕= 43 W/台 × 45 台 × 3 000 h/1 000 = 5 805 kWh

（2）タスク・アンビエント照明方式

（a）アンビエント照明年間電力量〔kWh〕= 19 W/台 × 54 台 × 3 000 h/1 000
= 3 078 kWh

（b）タスク照明年間電力量〔kWh〕= 9 × 30 × 3 000/1 000 = 810 kWh
合計年間電力量〔kWh〕= 3 078 kWh + 810 kWh = 3 888 kWh
年間消費電力の差と全般照明方式の消費電力の比〔％〕
= {(5 805 − 3 888)/5 805} × 100 = 33 ％

第9章

1 所要器具光束を求める．

$L \cdot K = \dfrac{\Phi \cdot N \cdot U \cdot M}{S \cdot W}$ より

L：平均輝度 = 1.0，K：平均照度換算係数 = 15，U：照明率 = 0.32，M：

240

保守率 = 0.7，N：配列係数 = 1，S：照明器具間隔 = 35，W：道路幅員 = 7
であるから

$15 = \Phi \times 1 \times 0.32 \times 0.7 \div (35 \times 7)$

$\Phi = 15 \div \{1 \times 0.32 \times 0.7 \div (35 \times 7)\}$

$\Phi = 16\,406.25$

よって，所要器具光束は $16\,407\,\mathrm{lm}$

2 照明灯最下段の適切な設置高さ H を求める．
サイド配置の計算式 $0.35L_1 \leqq H \leqq 0.6L_1$ かつ $L_2 \leqq H \leqq 4L_2$ より

$L_1 = 21$

$L_2 = 12$

$7.35 \leqq H \leqq 12.6$

$12 \leqq H \leqq 48$

よって，設置高さ H は $12\,\mathrm{m}$

3 歩行者通路において，適切な照度と光度の制限値を求める．
JIS Z 9110:2010 の推奨照度より $20\,\mathrm{lx}$（歩行者交通，屋外，交通量多い）
光害対策ガイドライン（2021）より，鉛直角 85° 方向の光度は $5\,000\,\mathrm{cd}$ 以下（照明器具の高さ $4.5\,\mathrm{m}$ 以上 $6.0\,\mathrm{m}$ 未満）

第 10 章

1 人感センサ，明るさセンサ．

2 長所は，通信線が不要のため省施工であり手軽に照明制御が実現できる．また，通信線の配線の影響がないため，制御対象となる範囲を容易に変更することができる．短所は，通信距離や障害物による減衰・遮断による不通，無線通信機器間での混信や干渉による不通・遅延などが発生する可能性がある．

241

演習問題の略解

第11章

1 ①1台当たりの消費電力 [W]

$6\,900\,\text{lm} \div 150\,\text{lm/W} = 46\,\text{W}$

②1000台分の消費電力 [kW]

$46\,\text{W} \times 1\,000\,\text{台} \div 1\,000 = 46\,\text{kW}$

③1年間点灯した際の電力消費量 [kWh]

$46\,\text{kW} \times 3\,000\,\text{h} = 138\,000\,\text{kWh}$

2 在室検知制御，明るさ検知制御，タイムスケジュール制御，初期照度補正機能．

索　引

ア　行

青色光網膜障害　blue light（retinal） hazard　86
明るさ検知制御　brightness detection control　220
明るさセンサ　brightness sensor　205
暗順応　dark adaptation　14
暗所視　scotopic vision　11, 20
安定器　ballast　57

位　相　phase　206
色温度　color temperature　31
色弁別閾　color difference threshold　27

ウィーンの変位則　Wien's displacement law　38
ウィーンの放射則　Wien's law of radiation　37
上半球光束　upward flux（of a source）　111

エネルギー準位　energy level　50
エレクトロルミネセンス electroluminesence　36
円環光源　circular ring source of light　114
遠紫外放射　far ultraviolet radiation　81
演　色　color rendering　163
演色性　color rendering properties　15, 49
演色評価数　color rendering index　163

遠赤外放射　far infrared radiation　87
鉛直配光　vertical luminous intensity distribution　110
鉛直面照度　vertical illuminance　123
円等光度図　isointensity diagram on the projection　122

カ　行

概日リズム　circadian rhythm　86, 164
化学ルミネセンス chemiluminescence　39
拡散反射　diffuse reflection　96
角　膜　cornea　83
化合物半導体　compound semiconductor　41
可視放射　visible radiation　78
加法混色　additive mixture of colour stimuli　42
ガラス球　glass bulb　52
間接照度　indirect illuminance　140
完全拡散反射面　perfect reflecting diffuser　25
完全拡散面　perfect diffuser　8
完全放射体　full radiator, blackbody　37
桿　体　rod　11, 19

器具効率　light output ratio　96
基底状態　ground state　39
輝　度　luminance　8
輝度対比　luminance contrast　14, 155
逆 2 乗の法則　inverse square law　6, 123
球形光束計　integrating photometer

243

索 引

		141
吸収率	absorptance	10
球帯係数法	zonal factor method	117

境界積分法　contour integration
method for illuminance calculation
141

局部照明　local lighting　166

局部的全般照明　localized lighting
166

キルヒホッフの法則　Kirchhoff's law
38

近紫外放射　near ultraviolet radiation
81

禁制帯幅（バンドギャップ）　band
gap　40

近赤外放射　near infrared radiation
87

近点距離　near point distance　155

近点視力　near point vision　155

均等色空間　uniform color space　28

均等拡散反射　isotropic diffuse
reflection　96

均等拡散面　uniform diffuser　8, 140

空間の明るさ　spatial brightness　158

口　金　base（米），cap（英）　52

グレア　glare　159

蛍光体　phosphor, fluorescent
material　32, 39

蛍光発光　fluorescence emission　48

蛍光ランプ　fluorescent lamp　39, 56

建築物省エネ法　building energy
conservetion act　212

減能グレア　disability glare　15, 159

高圧水銀ランプ　high pressure
mercury lamp　63

高圧ナトリウムランプ　high
pressure sodium lamp　69

高輝度放電ランプ　high intensity
discharge lamp　62

光　源　light source　36

光源色　light-source color, luminous
color　18, 20

高照度光療法　bright light therapy
86

光　束　luminous flux　3

光束維持時間　useful time　107

光束維持率　luminous flux
mintenance factor, lumen maintenance
factor　62, 215

光束発散度　luminous exitance　6

光電色彩計　photoelectic colorimeter
31

光　度　luminous intensity　3

紅　斑　erythema　82

光幕反射　veiling reflection　15

国際照明委員会（CIE）　International
Commission on Illumination（CIE）80

黒　体　blackbody, Plankian radiator
37

黒体軌跡　Planckian locus　31, 43

黒体放射　blackbody radiation　31, 37

コヒーレントな光　coherent
radiation　51

固有エネルギー消費効率　luminaire
efficacy　97, 215

サ 行

再結合　recombination　40

在室検知制御　occupancy detection
control　219

最大視感効果度　maximum spectral
luminous efficiency　3

彩　度　chroma　21

サーカディアンリズム　circadian
rhythm　86, 164

244

殺　菌	germicidal	84
殺菌灯	germicidal lamp	84
三刺激値	tristimulus values	23
紫外線角膜炎	ultraviolet keratitis	83
紫外線防御指数	Ultraviolet	
Protection Factor（UPF）		82
紫外放射	ultraviolet radiation	39, 78
視感反射率	luminous reflectance	25
色　覚	color vision	18
色覚異常	defective color vision	20
色　差	color difference	27
色　相	hue	21
色素沈着	suntan	82
色度座標	chromaticity coordinates	
		25
色度図	chromatocity diagram	43
色　名	color name	20
刺激値直読方法	photoelectric	
tristimulus colorimetry		30
視細胞	optic nerve	11, 19
下半球光束	downward flux（of a	
source）		111
室指数	room index	170
視　野	visual field	13
順　応	adaptation	14
順応輝度	adaptation luminance	155
純紫軌跡	purple boundary	27
省エネルギー	energy conservation	
		164
照　度	illuminance	5
照度均斉度	uniformity ratio of	
illuminance		158
照明環境	luminous environment	154
照明器具	luminaire	92, 168
照明基準	lighting standard	154
照明制御	lighting control	202
照明制御システム	lighting control	
system		204

照明設計	lighting design	154
照明率	utilization factor	170
初期照度補正	initial illuminance	
correction control		221
視　力	visual acuity	155
人感センサ	motion sensor	205
推奨照度	recommended illuminance	
		157
水晶体	lens	83
錐　体	cone	11, 19
水平配光	horizontal luminous	
intensity distribution		110
水平面照度	horizontal illuminance	
		123
ステファン・ボルツマンの法則		
Stefan-Boltzmann law		38
ストロボ現象	stroboscopic effect	
		192
スネルの法則	Snell's law	92
スペクトル軌跡	spectrum locus	27
正弦等光度図	isointensity diagram	
on the sinusoidal projection		120
正反射	regular refrection	93
赤外反射膜	infrared reflective film	
		53
赤外放射	infrared radiation	37, 78
設計照度	design illuminance	157
遷移確率	transition probability	40
全光束	total luminous flux	111
選択放射体	selective radiator	37
全反射	total refraction	94
全般照明	general lighting	166
相関色温度	correlated color	
temperature		31
相互反射	interreflection	138
測光量	photometric quantities	3

245

索　引

タ　行

耐用年限　useful life　　**106**

ダイクロイック反射鏡　dichroic mirror　　**54**

対称配光　symmetrical luminous intensity distribution（of a source）**111**

対　比　contrast　　**14**

タイムスケジュール制御　time scheduling control　　**221**

タスク・アンビエント照明　task and ambient lighting　　**166**

昼　光　daylight, daylighting　　**36**

昼光色　daylight color　　**61**

中紫外放射　middle ultraviolet radiation　　**81**

中赤外放射　middle infrared radiation　　**87**

調　光　dimming　　**202**

調　色　color matching　　**203**

長方形光源　rectangular source of light　　**136**

直接照度　direct illuminance　　**123**

直接遷移　direct transition　　**41**

直線光源　linear source of light　**112**

直角三角形光源　right triangle source of light　　**135**

低圧水銀ランプ　low pressure mercury lamp　　**84**

低圧ナトリウムランプ　low pressure sodium lamp　　**72**

テラヘルツ波　terahertz wave　**87**

電球形蛍光ランプ　compact self-ballasted fluorescent lamp　　**59**

点光源　point source of light　**111**

電磁波　electromagnetic wave　**36**

電子放射物質　emissive material　**56**

電　離　ionization　　**39**

透過率　transmittance　　**9, 95**

等光度図　iso-intensity diagram　**120**

灯　軸　lamp axis　　**110**

等色関数　color matching functions　　**24**

導入線　lead-in wire　　**52**

道路照明　road lighting　　**180**

ドルノ線　Dorno-rays　　**84**

トンネル照明　tunnel lighting　**184**

ナ　行

入射角余弦の法則　cosine law of incident angle　　**6**

熱放射　thermal radiation　　**31, 36**

ハ　行

配　光　distribution of luminous intensity　　**102, 110, 203**

白内障　cataract　　**83**

白熱電球　incandescent lamp　**36, 52**

薄明視　mesopic vision　　**11**

発光効率　luminous efficacy　　**43**

発光ダイオード（LED）　light emitting diode　　**40**

ハロゲンサイクル　halogen cycle　**53**

ハロゲン電球　tungsten-halogen lamp　　**53**

半球面光源　semishere source of light　　**113**

反射グレア　glare by reflection　　**15, 162**

反射率　reflectance　　**9, 93**

光　light　　**2**

――の二重性　duality of light　**80**

光感受性網膜神経節細胞

246

intrinsically photosensitive retinal ganglion cells, ipRGCs **86**

光中心　light center (of a source) **110**

光放射　optical radiation **80**

非対称配光　Asymmetrical luminous intensity distribution **111**

ビタミン D　vitamin D **83**

皮膚癌　skin cancer **83**

ビーム角　beam angle **102**

標準イルミナント　CIE standard illuminants **25**

標準イルミナント A　CIE standard illuminants A **25**

標準イルミナント D50　CIE standard illuminants D50 **25**

標準イルミナント D65　CIE standard illuminants D65 **25**

標準色票　color atlas **22**

標準分光視感効率　standard spectral luminous efficiency **3, 24**

フィラメント　filament **37**

フォトルミネセンス photoluminescence **36**

不快グレア　discomfort glare **15,159**

物体色　object-color **20**

プランクの放射則　Planck's law of radiation **37**

プランクの量子仮説　Planck's quantum hypothesis **80**

フリッカ　flicker **98**

フルカラー　full colors **203**

プルキンエ現象　Purkinje phenomenon **12**

分光吸収率　spectral absorption index **38**

分光視感効率　spectral luminous efficiency **3,12**

分光測色方法　spectrophotometric colorimetry **30**

分光放射発散度　spectral radiant exitance **37**

平均照度　average illuminance **169**

平均法　mean methond (of calculating the luminous flux) **118**

平面板光源　disk source of light **111**

ヘリングの反対色説　Hering's opponent color theory **19**

放　射　radiation **2, 36, 39**

放射エネルギー　radiant energy **39**

放射失活　radiative deactivation **40**

放射線ルミネセンス radioluminescence **39**

放射束　radiant flux **3**

放射発散度　radiant exitance **37**

法線照度　normal illuminance **123**

防爆形照明器具　luminaire for explosive gas atmosphere **104**

保護膜　protective layer **57**

保守率　maintenance factor **170, 215**

マ 行

マリオットの盲点　blind spot **12**

マンセル表色系　Munsell color system **20**

無彩色　achromatic color **21**

無線通信　radio communication **208**

無電極放電ランプ　electrodeless discharge lamp **73**

目　eye **11**

明順応　light adaption **14**

明所視　photopic vision **11, 19**

明　度　value **21**

247

索 引

メタルハライドランプ　metal halide lamp　**64**

網　膜　retina　**11**
モデリング　modeling　**162**

ヤ　行

ヤブロンスキー図　Jablonski diagram　**39**
山内角　Yamanouti's angles　**119**
ヤング-ヘルムホルツの三色説
　Young-Helmholtz three-component theory　**19**

有機 EL　organic electroluminescient　**48**
有彩色　chromatic color　**21**
有線通信　cable communication　**207**
誘導放出　stimulated emission　**50**

余弦法則　cosine law（Lambert's cosine law）　**123**

ラ　行

ラッセル角　Russell's angle　**119**
ランドルト環　Landolt ring　**13**
ランベルトの余弦法則　Lambert's cosine law　**8**

立体角　solid angle　**4**
立体角投射法　unit-sphere method for illuminance calculation　**130**
臨界角　critical angle　**94**
燐光発光　phosphorescence emission　**48**

ルミネセンス　luminescence　**36**

励起原子　excited-state atom　**50**

励起準位　excitation level　**39**
励起状態　excited state　**39**
レーザ（LASER）　Light Amplification by Stimulated-Emission of Radiation　**50**

英数字

1/10 ビーム角　one-tenth of beam angle　**104**
1/2 ビーム角　half of beam angle　**104**
3 波長形蛍光ランプ　three band fluorescent lamp　**62**

BEI　Building Eneregy-efficiency Index　**212**

CIE $L^*a^*b^*$　**28**
CIE $L^*u^*v^*$　**28**
COB　Chip On Board　**45**
CSP　Chip Size Package　**45**

DOB　Driver On Board　**45**

GaN（窒化ガリウム）　Gallium Nitride　**42**

HID ランプ　high intensity discharge lamp　**40**

IR-A　**87**
IR-B　**87**
IR-C　**87**
IT　Information Technology　**43**

LED　Light Emitting Diode　**31, 36, 40**
L 錐体　L cone　**19**

M 錐体　M cone　**19**

248

索 引

n 型半導体　　N-type semiconductor
40

OLED　　organic light emitting diode
48

POE　　Post Occupancy Evaluation
150

PWM　　Pulse Width Modulation　**206**

p 型半導体　　P-type semiconductor
40

SMD（表面実装型）　　Surface Mount
Device　　**45**

S 錐体　　S cone　　**19**

UV-A　　**80**
UV-B　　**80**
UV-C　　**80**
UV インデックス　　UV index　　**82**

xy 色度図　　xy chromaticity diagram
27

XYZ 表色系　　CIE 1931 standard
colorimetric system　　**20**

YAG（ヤグ）　　Yttrium Aluminum
Garnet　　**42**

- 本書の内容に関する質問は，オーム社ホームページの「サポート」から，「お問合せ」の「書籍に関するお問合せ」をご参照いただくか，または書状にてオーム社編集局宛にお願いします．お受けできる質問は本書で紹介した内容に限らせていただきます．なお，電話での質問にはお答えできませんので，あらかじめご了承ください．
- 万一，落丁・乱丁の場合は，送料当社負担でお取替えいたします．当社販売課宛にお送りください．
- 本書の一部の複写複製を希望される場合は，本書扉裏を参照してください．

照明工学と環境デザイン

2024 年 10 月 15 日　第 1 版第 1 刷発行

編　　者　一般社団法人 照明学会
発 行 者　村 上 和 夫
発 行 所　株式会社 オーム社
　　　　　郵便番号　101-8460
　　　　　東京都千代田区神田錦町 3-1
　　　　　電話　03(3233)0641(代表)
　　　　　URL　https://www.ohmsha.co.jp/

© 一般社団法人 照明学会 2024

印刷　中央印刷　製本　協栄製本
ISBN978-4-274-23256-5　Printed in Japan

本書の感想募集　https://www.ohmsha.co.jp/kansou/

本書をお読みになった感想を上記サイトまでお寄せください．
お寄せいただいた方には，抽選でプレゼントを差し上げます．

関連書籍のご案内

照明ハンドブック 第3版
Lighting Handbook

一般社団法人 照明学会 [編]

照明にかかわる技術者・研究者必携のハンドブック

照明は，光源・器具といったハード面だけではなく，理論，デザイン，視覚心理，色彩などのソフト面も含めた総合的な技術であり，照明にかかわる技術者には，これらの幅広い知識が求められています。

本書は，基礎から実際の照明設計まで，幅広い照明の知識を網羅したハンドブックです。前版の出版から約15年が経過し，世の中のLED化が進み，また情報化なども進みました。この間の新しい内容・話題を取り込み，第3版としてまとめたものです。

このような方におすすめ

- 電力会社・電気メーカ等の照明関連技術者
- 電気工事会社・建設会社・建築設計事務所の技術者
- 照明デザイン会社・デザイナー等の実務家

主要目次

1編 照明の基礎	6編 屋外照明
2編 測光量と光の計測	7編 スポーツ照明
3編 光源と照明器具	8編 照明システムと制御システム
4編 視環境評価と照明基準	9編 光放射の応用
5編 屋内照明	10編 照明デザイン

B5判・590頁・上製函入り
定価（本体20000円【税別】）

もっと詳しい情報をお届けできます．
◎書店に商品がない場合または直接ご注文の場合は右記宛にご連絡ください．

ホームページ　https://www.ohmsha.co.jp/
TEL/FAX　TEL.03-3233-0643　FAX.03-3233-3440

（定価は変更される場合があります）

A-2410-192